Paris
1892

Sabatier, Armand

Essai sur la vie et la mort

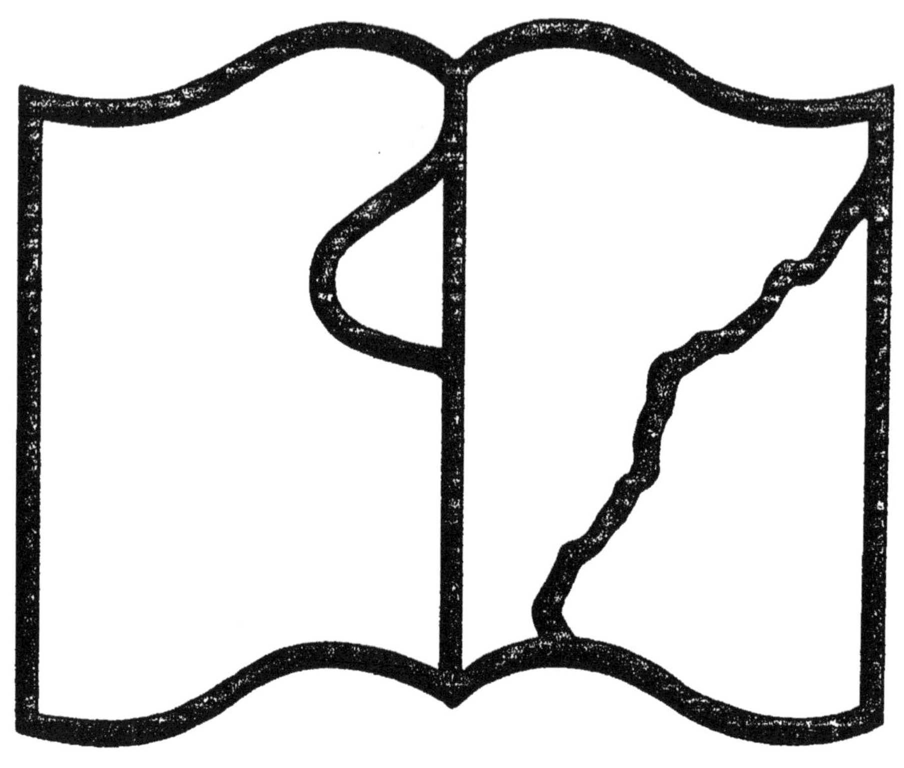

**Symbole applicable
pour tout, ou partie
des documents microfilmés**

Texte détérioré — reliure défectueuse

NF Z 43-120-11

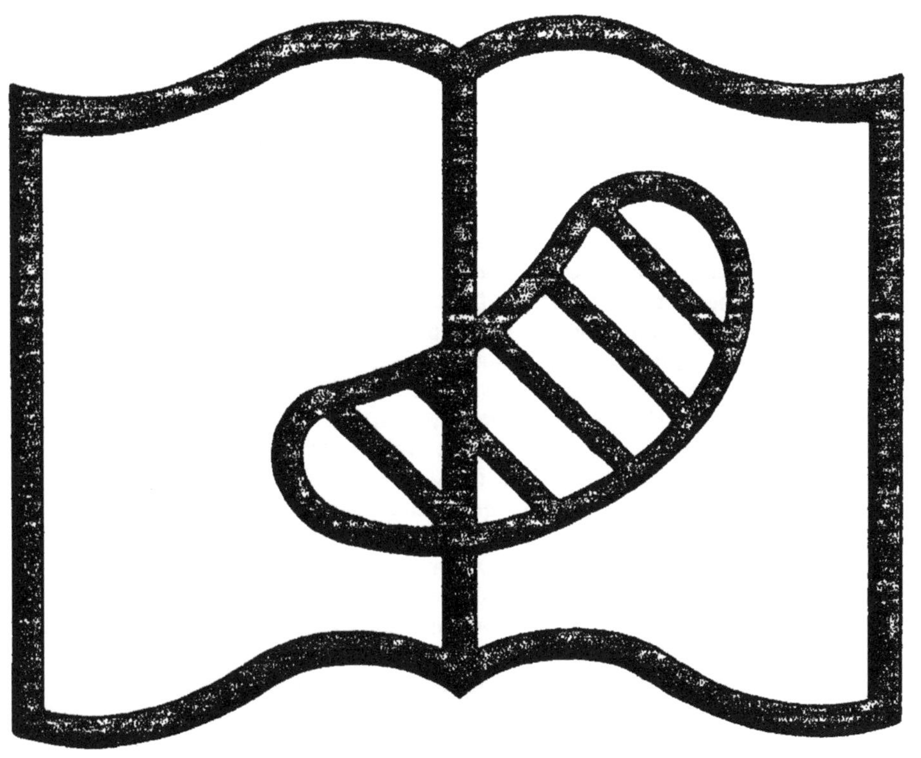

**Symbole applicable
pour tout, ou partie
des documents microfilmés**

Original illisible

NF Z 43-120-10

La *Bibliothèque Évolutioniste* a pour but d'offrir au grand public, comme aux savants, un ensemble d'ouvrages strictement scientifiques dus aux auteurs les plus compétents, français et étrangers, et où seront exposés avec clarté les différents principes et les diverses applications de la théorie évolutioniste. Elle n'est inféodée à aucun principe en particulier d'entre ceux qui sont à la base de cette théorie : elle est évolutioniste au sens le plus large de ce terme. Nous nous adressons à tous les esprits réfléchis, à tous ceux qui comprennent la nécessité de posséder une base solide de croyances philosophiques, à tous ceux qui sentent la portée véritable de la doctrine évolutioniste au point de vue métaphysique. Par cette publication, nous espérons faire mieux connaître les faits et les doctrines qui ont captivé l'attention de tous dans les pays de Gœthe et de Darwin, et qui devraient être plus répandus dans leur pays d'origine, dans la patrie des Buffon, des Lamarck, des Geoffroy St-Hilaire, des Bory de Saint-Vincent, des Duchesne, des Naudin.

BIBLIOTHÈQUE ÉVOLUTIONISTE

Tome I. **Wallace A. R.** *Le Darwinisme*; exposé de la théorie de la sélection naturelle, avec quelques-unes de ses applications. Ouvrage traduit de l'anglais. 1 volume in-18 avec 37 figures intercalées dans le texte, 1891, cartonné.

— II. **Ball, W. P.** *Les effets de l'Usage et de la Désuétude sont-ils héréditaires*; ouvrage traduit de l'anglais. 1 volume in-18, 1891.

— III. **Geddes P.** et **A. Thomson** : *L'Évolution du Sexe.*

— IV. **Sabatier, A.** *Essai sur la Vie et la Mort*; 1 volume in-18, 1892.

— V. **Taylor, J.** *L'origine des Aryens* (sous presse).

— VI. **Bland-Sutton, J.** *Évolution et Maladie* (sous presse).

Plusieurs autres ouvrages, par des auteurs français et étrangers, sont en préparation.

BIBLIOTHÈQUE ÉVOLUTIONISTE

PUBLIÉE SOUS LA DIRECTION DE

HENRY DE VARIGNY

IV

ESSAI

SUR

LA VIE ET LA MORT

BIBLIOTHÈQUE ÉVOLUTIONISTE

IV

ESSAI

SUR

LA VIE ET LA MORT

PAR

ARMAND SABATIER

PROFESSEUR A LA FACULTÉ DES SCIENCES DE MONTPELLIER

DIRECTEUR DE LA STATION ZOOLOGIQUE DE CETTE

PARIS

Vᵉ BABÉ ET Cⁱᵉ, LIBRAIRES-ÉDITEURS

23, PLACE DE L'ÉCOLE-DE-MÉDECINE, 23

1892

AVERTISSEMENT

Le contenu de ce volume a servi de matière à une série de conférences qui ont été faites à l'Institut de Zoologie de l'Université de Montpellier, dans les mois de mai et juin 1891. Avant d'aborder son sujet, l'auteur, désireux de prendre une position nette devant ses auditeurs, commença par une courte déclaration de principes capable de dissiper les méfiances qui auraient pu résulter de conceptions scientifiques souvent mal comprises et mal interprétées. L'auteur a désiré, pour des motifs divers, que cette entrée en matière fût conservée avec sa forme primitive comme introduction à cet *Essai sur la Vie et sur la Mort.*

INTRODUCTION

L'Université de Montpellier a inauguré pour
ainsi dire une ère nouvelle, dont le caractère le
plus évident a été un rapprochement plus intime
entre les représentants de l'Enseignement supérieur et les habitants de cette cité si jalouse de ses
anciennes institutions et si heureuse de leur renais-
sance.

Plusieurs professeurs de nos Facultés, obéissant
aux obligations nouvelles que créait ce redouble-
ment de sympathie, se sont efforcés d'y répondre
en modifiant, pour quelques leçons au moins, le
caractère de leur enseignement, et en conviant les
personnes animées d'une saine curiosité à l'étude
de quelques-unes de ces questions qui, pour ne
pas être directement inscrites dans les programmes,
n'en sont pas moins dignes de l'attention de tous.
Il y a là, nous semble-t-il, une manière heureuse
de répondre à la bienveillance de nos concitoyens,
et de leur prouver que les membres de l'Université
sont désireux de se mettre en contact avec eux,
autrement que pour leur demander une coopé-
ration et des sacrifices. L'Université ne doit pas
être un foyer qui ne réchauffe et qui n'éclaire que
ceux qui lui appartiennent comme maîtres ou

comme disciples. Elle a aussi ses amis auxquels elle doit une part d'efforts et des témoignages de gratitude ; et elle ne saurait mieux faire pour prouver qu'elle pense à eux, et qu'elle travaille pour eux, que de leur donner l'occasion d'examiner avec elle ce que la science nous enseigne ou nous permet d'entrevoir sur quelques-uns de ces sujets qui attirent l'attention de tout homme qui a d'autres préoccupations que le bien-être matériel.

La question que je veux examiner avec vous, me paraît être au premier rang parmi celles qui se dressent devant l'humanité, car il n'en est aucune qui s'impose plus qu'elle par des appels réitérés et par des réalités inéluctables. Nous faisons tous partie de cette poussière que soulève et qu'agite sans cesse le tourbillon de la vie, mais que couche aussi sans cesse le souffle de la mort. C'est donc parler de nos plus palpitants intérêts que de nous demander ce qu'est la vie, ce qu'est la mort, et d'essayer de répondre à cette question grave entre toutes : Pourquoi mourons-nous ?

Le problème de la vie et de la mort pourrait être envisagé sous des faces bien diverses. Mais je ne dois pas oublier que je ne suis assis ni dans une chaire de théologie, ni dans une chaire de morale. Je n'aborderai donc proprement que le point de vue naturaliste, le point de vue biologique. A peine me permettrai-je quelques allusions discrètes au monde moral.

Mais en pareille matière, les domaines ne sauraient être tellement isolés qu'il fut en mon pouvoir d'empêcher que telle opinion exprimée sur un problème de biologie, ou sur une question d'origine, n'ait son retentissement dans d'autres domaines. Je ne mets pas en doute que, m'entendant professer certaine doctrine naturaliste, plusieurs de mes auditeurs ne se croient le droit de me classer dans telle ou telle école philosophique. Je tiens à les mettre en garde contre des jugements téméraires. Il a pu y avoir un temps où, pour l'école vitaliste, tout homme qui ne creusait pas entre la matière brute et la matière vivante un fossé insondable, était condamné comme hérétique et matérialiste. Mais ce temps, je l'espère, est déjà loin de nous En supposant, d'ailleurs, qu'on fût bien au clair sur ce que l'on entend par matérialisme, alors que nous ignorons absolument ce qu'est la matière, j'aime à croire que les horizons se sont élargis, et qu'il est bien compris que dans l'ordre de préoccupations auxquelles je fais ici allusion, la conception que l'on peut se faire de la constitution de la matière importe peu au au fond. Dans cet ordre d'idées, le critérium classificateur n'est pas là. La vraie base d'un départ entre les tendances est dans l'affirmation ou dans la négation d'un Être supérieur capable de créer et de régir le monde. Cet Être essentiellement libre a pu concevoir son œuvre comme il l'a voulu, et, quelle que soit l'organisation dont il l'a dotée, il n'en reste pas moins comme source de toutes les énergies et maître souverain de tous les mécanismes. « Rien, a dit le grand Lamarck, le vrai « père du transformisme, rien ne peut exister que « par la volonté du sublime Auteur de toutes

« choses. Mais pouvons-nous lui assigner des
« règles dans l'exécution de sa volonté et fixer le
« mode qu'il a suivi à cet égard? »

Une telle vue sur la nature laisse à l'homme de
science une complète liberté de pensée. Elle en
fait un libre-penseur dans le bon sens du mot; et,
pour moi, qui crois à la création et au Créateur,
je déclare qu'il ne m'est pas encore arrivé d'entrevoir, dans le domaine de la science que je cultive,
la moindre occasion de contrainte intellectuelle et
le moindre sujet d'inquiétude pour mes convic-
tions

Je suis de ceux qui parlent avec respect de
la matière, et qui considèrent avec admiration
tout ce qu'il y a en elle de puissance et de grandeur. On a bientôt fait de lui appliquer les quali-
ficatifs qui la rabaissent et de l'appeler la vile
poussière. « Connaissez vous donc cette poussière?
« s'écrie Schopenhauer (1). En savez-vous la na-
« ture et le pouvoir? Apprenez à la connaître
« avant de la mépriser. Cette matière, en ce mo-
« ment cendre et poussière répandue sur le sol,
« ne tardera pas, une fois dissoute dans l'eau, à
« devenir cristal; elle brillera comme métal, puis
« elle projettera des étincelles électriques, et sa
« tension galvanique lui permettra de fournir une
« force assez puissante pour décomposer les com-
« binaisons les plus résistantes, pour réduire les
« terres en métaux; elle se métamorphosera

____

(1) Schopenhauer (Arthur). *Le Monde comme volonté et comme
représentation*. Trad. par A. Burdeau. Paris, Félix Alcan, 1890·
T. III, p. 282.

« d'elle-même en plante, en animal, et de son
« sein mystérieux se développera cette vie dont la
« porte trouble de tant d'inquiétudes la nature
« bornée. »

N'est-il pas bien surprenant que pendant si
longtemps on ait considéré le dénigrement et le
mépris de la matière comme le meilleur hommage
à rendre à Celui qui l'a créée et organisée. Pour
quelques-uns, hélas ! cette attitude intransigeante
n'a pas encore perdu toute sa raideur; mais on
peut constater avec satisfaction que pour beaucoup d'esprits plus éclairés, l'éloge de l'œuvre
comporte implicitement la glorification de l'Artisan.

Ces déclarations faites, il nous est permis
d'aborder, avec toute la sérénité et toute l'impartialité nécessaires, le problème de la vie et de la
mort, et d'apporter dans cette étude toute la har-
diesse compatible avec l'esprit scientifique. Per-
sonne ne se méprendra sur la portée de nos con-
victions, et chacun, nous l'espérons, nous accor-
dera le crédit d'une bienveillance sur laquelle on
a le droit de compter quand on aborde un sujet
si grave et si délicat.

A. Sabatier.

PREMIÈRE PARTIE

DE LA VIE

CHAPITRE PREMIER

Comparaison de la matière vivante et de la matière morte comme constitution physique et chimique. Au point de vue mécanique, il n'y a pas de différence essentielle entre les corps vivants et les corps bruts.

Qu'est-ce que la vie ? Qu'est-ce que la mort ?

Tout homme qui pense s'est posé au moins une fois ces redoutables questions. L'homme de science a plus que tout autre le devoir de les examiner de près. Il doit pour cela étudier les questions suivantes : Qu'est-ce que la matière vivante ? Quels sont les caractères distinctifs de la matière minérale ou de la matière morte ?

Y a-t-il dans la matière vivante quelque chose de tout autre que ce que l'on observe dans la matière morte, quelque chose de tout à fait spécial, et de tout à fait étranger à la matière morte ?

Y a-t-il en elle une force, un principe d'activité que la matière morte ne connaît pas, et qui en fait quelque chose de tout à fait distinct, d'incomparable ? Ou bien la matière morte et la matière vivante ne sont-elles que des formes diverses d'une même matière, .que des états différents à

la surface, mais semblables au fond de la même substance,
que des formes différentes de la même vie ? Ne peut-on
pas penser que ces états diffèrent seulement par des degrés
dans l'intensité des manifestations, par des modalités
qui ne sont pas irréductibles ? que la distance qui les
sépare aujourd'hui n'a dû son origine qu'au concours de
certaines conditions, qui, après avoir existé, semblent
avoir disparu sur la terre, le seul des corps célestes chez
lequel nous ayons pu reconnaître les manifestations de la
vie ? Est-il défendu de présumer que ces conditions qui
ont un jour provoqué ou favorisé sur notre terre le passage
de la matière minérale à l'état de matière vivante, se
renouvellent et se reproduisent avec le même résultat sur
d'autres astres à une période donnée de leur évolution, et
manifestent ainsi incessamment la filiation naturelle qui
existe entre les deux états de la matière ?

Au premier abord, il semble qu'on ne puisse établir
entre eux une sérieuse assimilation. Comparer une
pierre, un minéral à un être organisé, à un animal, un
bloc complètement inerte (en apparence du moins) à un
être individualisé, sensible et spontanément actif, c'est,
semble-t-il, résoudre la question dans le sens d'une différence complète, et de l'existence d'un fossé profond et
infranchissable entre les deux termes de la comparaison.
Mais la question demande à être examinée de plus près,
et il serait possible qu'une analyse plus exigeante et plus
pénétrante des phénomènes modifiât la solution à intervenir, et fût, dans tous les cas, de nature à atténuer le
caractère tranchant et absolu que lui auront donné non
seulement une première impression, mais encore une
étude médiocrement approfondie des faits.

Essayons de faire cette analyse, et de voir si parmi les
caractères de la matière vivante, parmi les conditions
qu'elle réalise, il en est qui lui soient absolument propres,
dont nous ne puissions discerner dans la matière morte

des rudiments suffisants pour qu'une distinction absolue soit écartée.

Les attributs principaux de la matière vivante et qui la distinguent de la matière morte, sont la sensibilité, mieux désignée comme irritabilité, la motilité, les phénomènes de nutrition, de reproduction, la naissance, le développement et la mort.

Ils peuvent se formuler aussi de la manière suivante :

La matière vivante paraît avoir une constitution moléculaire spéciale et différente de celle de la matière minérale.

La matière vivante est sensible. Elle est capable de mouvements.

Elle se renouvelle par des phénomènes de nutrition, c'est-à-dire par des échanges continuels d'énergie et de substance entre elle et le monde extérieur.

Elle se reproduit par la voie de germes.

Elle naît, vit et meurt présentant une succession de phases déterminées.

Elle se présente sous la forme de masses composées de parties dont l'action commune et la solidarité établissent entre elles le caractère de l'individualité.

Examinons en quelques mots les différences que peuvent présenter la matière vivante et la matière minérale au point de vue de la constitution chimique et moléculaire.

Un fait est incontestable, c'est que la composition élémentaire de la matière vivante, ne diffère absolument en rien de la composition de la matière minérale. Il n'y a pas un seul corps simple qui soit propre à la matière vivante ; et tous ceux qui entrent dans sa constitution, se retrouvent aussi dans la matière minérale. C'est déjà là un point sur lequel il n'est pas permis d'établir une séparation.

Mais il me semble en outre que la conception qui

domine la physiologie moderne se résume parfaitement dans les paroles suivantes de Cl. Bernard qui affirment qu'on ne saurait établir entre le vivant et le non vivant une distinction radicale :

« Il n'y a donc en réalité qu'une physique, qu'une chimie, qu'une mécanique générale dans laquelle rentrent toutes les manifestations phénoménales de la nature, aussi bien celles des corps vivants que celles des corps bruts. Tous les phénomènes, en un mot, qui apparaissent dans l'être vivant, retrouvent leurs lois en dehors de lui, de sorte qu'on pourrait dire que toutes les manifestations de la vie, se composent de phénomènes empruntés quant à leur nature au monde cosmique extérieur, mais possédant seulement une morphologie spéciale, en ce sens qu'ils sont manifestés sous des formes caractéristiques, et à l'aide d'instruments physiologiques spéciaux. Sous le rapport physico-chimique, la vie n'est donc qu'une modalité des phénomènes généraux de la nature ; elle n'engendre rien ; elle emprunte ses forces au monde extérieur, et ne fait qu'en varier les manifestations de mille et mille manières ».

L'hypothèse mécanique qui ne considère dans l'univers que des atomes en mouvement, et qui sert de base à la physique et à la chimie modernes, est donc aussi bien applicable aux êtres vivants qu'aux corps bruts. Il n'y a entre eux, d'après Cl. Bernard, que des différences de forme, de modalité ; et l'on ne saurait invoquer ces différences comme établissant entre le monde vivant et le monde non vivant une séparation profonde et une distinction irréductible.

La chimie et la physique générales des corps vivants ne diffèrent donc pas essentiellement de celles des corps bruts ou morts. On peut en dire autant de leur chimie et de leur physique spéciales. Les êtres vivants se bornent à placer chaque substance au moment où elle doit se modifier pour concourir à un but dans les conditions les plus favorables et les plus simples. De là, résulte une simplicité, une netteté, une rapidité de réaction, supérieures à celles que nous réalisons dans nos matras. Mais c'est là une différence de conditions, mais non une différence de nature.

J'ai essayé d'établir entre la matière brute et la matière vivante une différence quant au déterminisme des phénomènes. Dans mon essai sur *Evolution et Liberté* (1), j'ai en effet émis cette idée qu'il pourrait se faire qu'il y eût dans toute la substance de la création, à côté du déterminisme une part d'indéterminisme, très faible dans la matière brute, plus accentuée dans la matière vivante, et très sensible dans l'ordre physique et moral. Il y aurait donc une contingence relative à l'état de la substance ; mais il est évident que cette notion n'établirait entre les matières vivantes et les matières brutes qu'une différence de degré, de quantité, et non une différence de nature.

Nous verrons d'autre part que la synthèse des composés organiques que l'on a longtemps considérée comme le monopole de l'organisme vivant n'est plus pour la chimie moderne, pour la chimie des laboratoires, un desideratum embarrassant et humiliant. Nous donnerons plus loin de plus amples développements à ce sujet.

Il me suffit pour le moment d'affirmer que la chimie des laboratoires réalise peu à peu la synthèse des composés de la vie ; mais, ainsi que ce que nous venons de dire permet de le prévoir, elle n'y parvient que par des voies plus longues et plus complexes. Nous aurons d'ailleurs l'occasion d'y revenir.

Il est vrai que M. Pasteur a cru pouvoir établir une barrière entre les produits naturels et les produits artificiels ou de synthèse chimique. Tous les produits essentiels à la vie (albumine, fibrine, fécules, cellulose) et la plupart

(1) *Revue Chrétienne de* 1885.

des produits organiques naturels sont dissymétriques,
d'une dissymétrie à la fois externe, et interne moléculaire,
déviant le plan de polarisation, tandis que les produits
artificiels ne seraient jamais dissymétriques.

Il semblerait y avoir là une barrière importante, une
distinction absolue entre les corps produits par l'organisme,
et ceux qui résultent d'une synthèse artificielle. Mais il
faut ajouter d'une part, que l'organisme produit aussi des
composés *dépourvus* du pouvoir rotatoire, l'urée, l'acide
urique, la créatine par exemple, qui ne sont pas, il est
vrai, des résultats de la synthèse vitale, mais des débris,
des déchets excrétés par suite de la combustion vitale ;
mais qui n'en démontrent pas moins que les produits de
l'organisme vivant ne diffèrent pas tous par leurs caractères dissymétriques des produits des laboratoires.

Il convient de faire observer encore que, si M. Pasteur
a pu affirmer qu'on n'avait pas encore réalisé la production
d'un corps dissymétrique à l'aide de composés qui ne le
sont pas, cette assertion vraie au moment où elle a été
produite, a cessé de l'être peu après, par suite de la transformation opérée par MM. Perkin et von Dupa, deux
savants anglais, de l'acide succinique, non dissymétrique,
dépourvu, lui et ses sels, du pouvoir rotatoire moléculaire,
en acide paratartrique qui se dédouble facilement en deux
acides dissymétriques inverses isomères, l'acide tartrique
droit et gauche. De plus on a préparé l'acide succinique
par synthèse au moyen des éléments, en partant du cya-
nure d'éthylène. On a donc réalisé aussi la synthèse des
acides tartriques, c'est-à-dire d'un corps actif.

De pareils faits ôtent déjà à la proposition de M. Pasteur
son caractère général et sa valeur comme indication d'un
criterium distinctif entre la matière vivante et la matière
non vivante. Mais nous serons appelés dans la suite à citer
d'autres faits non moins significatifs, dus à la réalisation
de synthèses organiques de composés propres à la vie.

D'ailleurs, la condition d'être dissymétrique ne saurait comporter un caractère exclusif et rigoureusement distinctif de ce qui est organique et vivant, à l'inverse de ce qui est la matière brute, M. Pasteur lui-même en effet considère l'univers comme un ensemble dissymétrique. « L'univers » est dissymétrique, dit-il, car on placerait devant une » glace l'ensemble des corps qui composent le système » solaire se mouvant de leurs mouvements propres, que » l'on aurait dans la glace une image non superposable à » la réalité. Le mouvement même de la lumière solaire » est dissymétrique. Jamais un rayon lumineux ne frappe » en ligne droite, et au repos, la feuille où la vie végétale » crée la matière organique. Le magnétisme terrestre, » l'opposition qui existe entre les pôles boréal ou austral » dans un aimant, celle que nous offrent les deux élec- » tricités positive et négative ne sont que des résultats » d'actions et de mouvements dissymétriques ».

Sans méconnaître ce que cette conception générale a de grandiose, il nous semble permis de faire remarquer que si l'univers est dissymétrique, cette condition de la dissymétrie appartient à un ensemble qu'on ne saurait considérer comme un organisme vivant au même titre que le corps d'un animal ou l'ensemble d'une plante, et qu'on est plutôt autorisé à le regarder comme une grande machine dont les corps bruts formés de matière inanimée constituent les merveilleux rouages

D'ailleurs cette conception de l'illustre savant ne me paraît pas exempte de toute objection. Que si la dissymétrie de ce qui est organique provient de l'action des forces dissymétriques de l'univers sur les organes de la plante ou de l'animal, où la vie crée la matière organique, on peut se demander comment il se fait que les matières minérales ne possèdent jamais la dissymétrie. Peut-on, en effet, se résigner à penser que les forces d'ordre dissymétrique de l'univers (lumière et chaleur solaire, magnétisme, électricité, n'ont joué aucun rôle dans le processus de formation des substances minérales? Peut-on également admettre que les produits symétriques de la vie organique (urée, acide urique, acide formique, créatine) qui se forment à côté des produits symétriques sont formés dans l'organisme en dehors de l'influence des forces dissymétriques de l'univers?

L'examen de la chimie générale et de la chimie spéciale des corps vivants et des corps bruts, permet donc de penser qu'il peut y avoir entre elles des différences générales de forme et de modalité, mais non des différences essentielles et une séparation permanente et absolue.

CHAPITRE II

De la sensibilité. Elle existe chez les minéraux. De la motilité. Elle existe aussi chez les minéraux. Sa source et son origine sont les mêmes dans les corps organisés et dans les minéraux.

La *sensibilité* (1) paraît au premier abord constituer un critère de la matière vivante, qui la distingue absolument de la matière brute à laquelle on n'hésite pas à reconnaître une insensibilité complète.

Au premier abord, je le répète, il semble y avoir entre les deux états de la matière une séparation radicale sous le rapport de la sensibilité. Si en effet, on définit la sensibilité en lui donnant pour caractère la forme qu'elle revêt chez les êtres vivants et chez les animaux supérieurs en particulier, il est incontestable qu'il ne saurait y avoir rien de comparable, même de loin, chez les minéraux et la matière morte.

Si l'on regarde en effet à cette propriété dévolue à certaines parties du système nerveux, par laquelle l'homme et les animaux perçoivent les impressions dues aux phénomènes externes, ou provenant de l'intérieur de l'organisme, il est évident qu'on sera obligé de reconnaître une distance infranchissable même entre les animaux supérieurs et les végétaux, et que l'unification des deux règnes en sera empêchée. A plus forte raison celle du règne organisé vivant et du règne minéral.

Nous savons cependant que les végétaux présentent aussi quoiqu'à un faible degré, des phénomènes de sensibilité, et qu'on ne saurait établir entre eux et les ani-

---

(1) M. le professeur Thoulet a publié, il y a quelques années, dans la *Revue scientifique* des considérations intéressantes sur la vie des minéraux. Je lui ferai quelques emprunts.

maux une démarcation biologique absolue. La différence si accentuée, quand on considère de part et d'autre les représentants les plus élevés, s'atténuent et s'effacent à mesure que l'on met en présence les organismes végétaux et animaux de plus en plus simples. L'amibe et certains végétaux monocellulaires manifestent une sensibilité identique par des changements de formes, par la production de mouvements localisés ou généraux, par la formation de prolongements protoplasmiques, etc.

Quand on se demande s'il n'y a pas, dans les corps bruts, quelque sensibilité, il ne faut pas songer à cette sensibilité perfectionnée et compliquée, à manifestations éclatantes et vives, dont la matière animée nous a paru jouir; mais il faut nous demander ce qu'est au fond la sensibilité? Quel est son caractère élémentaire et essentiel? Quel est son germe, pour ainsi dire, et son état rudimentaire?

Il est clair que nous nous trouverons alors en présence d'une sensibilité rudimentaire, dont l'homme non avisé et s'arrêtant aux apparences, méconnaîtra le caractère, mais que l'analyse saura discerner comme l'essence de la sensibilité. Voyons ce qu'est au fond et d'une manière essentielle la sensibilité?

Il me semble qu'on l'a reconnue et définie quand on a dit que c'est la propriété que possède la matière d'être impressionnée, d'être excitée à une réponse spéciale à une réaction par une provocation, par un stimulus. C'est là, me semble-t-il, l'essence et le principe même de la sensibilité. A cette sensibilité élémentaire que l'on désigne aussi sous le nom d'irritabilité, s'adjoindront comme perfectionnement plus ou moins multipliés, les rouages compliqués et les manifestations raffinées de la sensibilité dans les organismes élevés. Les corps bruts, les minéraux ne possèdent-ils pas aussi cette sensibilité rudimentaire, cette irritabilité? N'est-il pas vrai que la pierre, le minéral

répondent au contact, au choc, à la chaleur, à l'électricité,
au magnétisme, à la lumière par des manifestations soit
temporaires, soit permanentes, qui témoignent qu'il n'y
a chez elles ni indifférence, ni insensibilité !

La chaleur provoque dans le minéral des phénomènes
de mouvement, de dilatation, de décomposition, de destruction même qui témoignent de sa sensibilité vis-à-vis
de ce agent naturel, vis-à-vis des provocations de ce
stimulant. La chaleur influence le minéral ; elle modifie
sa forme cristalline, son élasticité mécanique, sa dureté,
ses propriétés électriques, sa couleur, ses propriétés
optiques. Si la chaleur ne dépasse pas un certain degré,
le minéral revient à son état primitif. L'excitation, la
provocation supprimée, les témoignages de sensibilité,
les signes de réaction disparaissent. Si la chaleur a été
plus élevée, le minéral peut ne pas pouvoir revenir à
sa forme primitive. Ainsi, l'orthose déformée par la
chaleur ne peut reprendre son premier état optique.
Si la chaleur s'élève encore, l'état moléculaire se modifie
plus profondément ; l'état solide fait place à l'état liquide,
et il y a fusion. A des degrés supérieurs il y a volatili-
sation ; puis vient la *dissociation* et la *destruction* ou la
mort.

On le voit, la matière minérale n'est pas insensible ;
elle répond aux provocations par des manifestations spéciales. Elle ne sent pas exactement comme sent le protoplasme ; mais elle sent comme elle peut sentir, suivant
l'état de son organisation, dirai-je ; elle manifeste comme
elle peut manifester, et conformément à son état. Elle
répond à sa manière, et suivant ses moyens à une provocation extérieure. La rétine ne répond pas à l'impression
de contact comme le fait la peau, comme le fait l'oreille
interne ; la même provocation, le contact d'un corps
dur, par exemple, provoque sur la rétine une sensation
lumineuse, dans la peau une sensation douloureuse, dans

l'oreille une sensation de sonorité. Chacune de ces parties, et le centre nerveux qui lui appartient, répond à sa manière à la provocation qui lui est adressée, sans qu'on puisse refuser à aucune de ces parties la sensibilité. La matière minérale a aussi sa façon de sentir, et l'on ne saurait davantage refuser de reconnaître en elle cette faculté de répondre à une provocation extérieure par une manifestation propre qui est la conséquence et la démonstration de sa sensibilité propre.

Mais d'ailleurs, et en allant au fond des choses autant qu'il nous est permis de le faire, le mécanisme de la sensibilité ne diffère pas essentiellement dans la matière vivante et dans la matière brute. Qu'il s'agisse d'un être vivant pourvu d'un système nerveux différencié, ou d'un être vivant dépourvu de ce système, ou d'une portion encore vivante d'un corps organisé, l'action extérieure qui va mettre en jeu la sensibilité, a pour effet premier et essentiel de produire dans la substance vivante et sensible des modifications moléculaires qui entraîneront soit des changements de forme soit des modifications fonction- nelles, etc., qui sont le témoignage de sa sensibilité. Mais, n'est-ce pas exactement ainsi que doivent être compris les phénomènes qui se produisent dans une substance minérale sous l'influence d'une stimulation extérieure ?

Cette idée de la sensibilité de la matière brute a sans doute le don d'étonner ceux qui se font de la sensibilité vitale une idée complexe et qui la considèrent comme l'apanage d'une organisation élevée. Mais les philosophes et les savants habitués à énucléer pour ainsi dire dans un phénomène ce qui en constitue l'élément essentiel, sont loin d'y être hostiles. Dans un de mes *Essais d'un natu- raliste transformiste sur quelques questions actuelles* paru dans la *Critique philosophique* du 31 décembre 1886 et 31 janvier 1887, j'ai eu l'occasion de citer à l'appui de mes assertions et de ma conviction à cet égard, une page très intéressante de M. Alfred Fouillée (1). Je la reproduis ici en partie : « On reviendra un jour à la pensée qu'Aristote avait exprimée en une de ses formules brèves et profondes : tout mouvement est une sorte d'appétit. De même que la production ou la circulation du mouvement dans l'univers est inintelligible sans une activité universelle, cette activité même est pour nous inintelligible sans une sensibilité universelle. Il n'y a donc « rien de mort dans la nature » comme le disait encore l'Aristote du XVII° siècle, Leibnitz. Tout se fait par voie mécanique, si on peut parler ainsi, par voie sensitive et instinctive. Il n'y a pas d'un côté un esprit sentant, de l'autre une matière absolument insensible qui cependant pourrait être sentie. »

En définitive donc, la matière brute a comme la matière vivante une sensibilité, mais dont les manifestations plus simples, plus directes, plus élémentaires, tiennent précisément à ce que dans le minéral l'activité vitale est sourde et rudimentaire. Il y a donc différence de degrés, et, si l'on veut, différence de modalités, tenant à l'instrumentation et non à l'essence du phénomène.

La matière vivante est capable de mouvements. Elle peut sous leur influence modifier sa forme, se déplacer, occuper successivement dans l'espace des lieux différents. Certes, si l'on considérait ces mouvements dans leurs manifestations générales les plus élevées, si l'on songeait à la contraction musculaire, aux appareils moteurs localisés et compliqués, on ne pourrait retrouver *facilement* du moins dans le minéral, dans la matière prétendue morte, des phénomènes clairement comparables à ceux-là. Ce n'est point vers le travail apparent de ces machines compliquées que nous devons porter les yeux, mais vers les phénomènes de mouvement tels qu'ils se manifestent dans les êtres vivants les plus simples. La contraction

(1) Alfred Fouillée. *Revue des Deux-Mondes* du 15 octobre 1888.

musculaire n'est certes pas une propriété caractéristique de la matière vivante ; elle n'est qu'un cas relativement restreint et résultant d'une spécialisation très particulière des mouvements moléculaires combinés de certains tissus dits musculaires. Mais les muscles manquent chez un très grand nombre d'animaux inférieurs et chez tous les végétaux, qui n'en appartiennent pas moins à la matière vivante.

Le mouvement des êtres vivants doit être envisagé dans sa forme la plus élémentaire, la plus simple, c'est-à-dire dans la substance qui sert de base aux êtres vivants, dans le protoplasme. Or, là, il se borne à des mouvements moléculaires de la masse, qui ont pour résultante des changements de volume, de forme, de situation de la masse, ou de portions de la masse du protoplasme. Ces mouvements intraprotoplasmiques sont le résultat de la transformation de l'énergie qu'ont rendue libre les oxydations du combustible riche en carbone et en hydrogène fournis par les aliments.

Dans les êtres inanimés, dans le minéral, il y a aussi des mouvements moléculaires qui influent sur la forme, sur les dimensions de la masse et même sur son état. Ces mouvements peuvent aussi être le résultat de la transformation de l'énergie rendue libre par des oxydations de combustible riche en carbone et en hydrogène ; mais il y cette différence entre les être animés et la matière minérale que le combustible a été chez les premiers introduit le plus souvent dans l'intimité de la matière vivante, et fait pour ainsi dire partie de la matière qui est le siège du mouvement ; la source d'énergie est alors intérieure et intime ; tandis que dans le minéral, la source d'énergie, de chaleur ou d'électricité, par exemple, qui modifie l'état moléculaire et provoque des mouvements, est *le plus souvent* extérieure et étrangère à la matière minérale elle-même.

Un cristal peut, en effet, être dilaté et modifié, non par sa chaleur intérieure, mais par la chaleur que lui fournit une source de combustion placée en dehors de lui. Il faut remarquer, en effet, que le minéral ne renferme pas toujours dans sa composition des éléments capables de fournir par des oxydations une somme d'énergie suffisante pour produire des modifications de mouvements comparables, comme quantité, à celle que nous observons dans le protoplasme. Mais en outre, le minéral renfermât-il du carbone et de l'hydrogène en quantité, ils n'y sont pas toujours dans un état d'instabilité convenable pour que les combinaisons où ils sont engagés soient modifiées par les conditions ordinaires du milieu extérieur.

Il est cependant des cas où il se produit dans les minéraux des phénomènes comparables à ceux que l'on observe chez les êtres vivants. Deux corps inertes, ayant de grandes affinités l'un pour l'autre, se combinent, qu'ils soient libres, ou qu'ils soient déjà engagés dans des combinaisons. Ils dégagent de la chaleur et sont le siège de mouvements moléculaires, dont leur combinaison a été la source, comme, d'ailleurs, la chaleur et les mouvements du protoplasme résultent de la combinaison du carbone et de l'hydrogène avec l'oxygène. Dans ce cas, la source de l'énergie destinée à produire le mouvement est empruntée aux corps eux-mêmes qui sont le siège du mouvement. Et l'on ne saurait se refuser à voir là quelque chose de comparable à ce que nous observons pour le protoplasme.

D'ailleurs, il ne faut pas oublier que chez les minéraux ces mouvements moléculaires peuvent être accompagnés, aussi bien que chez certains êtres organisés, de mouvements très étendus et très apparents qui en sont la résultante. La fusion et la vaporisation ne sont autre chose que des mouvements à grande amplitude de la matière minérale, mouvements qui sont dus, comme ceux des corps vivants, à la transformation en travail mécanique de l'énergie due aux combustions et aux combinaisons chimiques.

Rappelons d'ailleurs que l'énergie que les corps vivants et les corps bruts dépensent en travail mécanique est puisée dans tous les cas, soit pour les corps vivants, soit pour les corps bruts, dans le soleil, qui est la source commune des mouvements.

Il y a néanmoins cette différence que chez l'être vivant le combustible a pénétré dans l'intimité du tissu, et la combustion est intramoléculaire et intérieure; tandis que dans les corps bruts le combustible est le plus souvent au dehors et la combustion est extérieure.

Mais il faut bien reconnaître que le carbone lui-même, à l'état minéral, n'a pas besoin d'emprunter au dehors son combustible et peut produire de l'énergie et du mouvement par son oxydation directe. A cet égard, du moins, il est exactement comparable aux êtres organisés, et devrait être rangé parmi les corps vivants. Cette condition est certainement de nature à démontrer que la séparation des corps vivants et des corps bruts au point de vue du mouvement et de la source de l'énergie ne saurait être considérée comme profonde.

Il convient d'ajouter cependant qu'il y a entre les corps vivants et les corps bruts cette différence que les premiers sont susceptibles de renouveler *par eux-mêmes* la provision de combustible nécessaire à leurs mouvements; tandis qu'il n'en est pas ainsi pour les corps bruts. C'est là une différence qui a son prix et qui touche directement à la question de nutrition que je vais aborder bientôt.

Pour clore ce chapitre, je crois devoir insister sur ce fait, que la physique moderne est basée sur une conception mécanique de la matière dont les molécules sont considérées comme étant toujours en mouvement. Ces mouvements sont susceptibles de variations comme amplitude, comme rapidité, comme direction ; et ces variations sont des manifestations de la sensibilité de la matière. Les provocations extérieures modifient donc ces mouvements dans tel ou tel sens. Mais voyons-nous autre chose dans les corps organisés? Leurs mouvements généraux sont-ils autre chose que la résultante des mouvements de leurs molécules ! Et ces mouvements moléculaires ne sont-ils pas provoqués et influencés par les agents extérieurs, soit dans leur amplitude, soit dans leur rapidité, soit dans leur direction? Le mouvement comme manifestation de l'irritabilité se retrouve donc avec les mêmes caractères fondamentaux dans la matière morte et dans la matière vivante ; et il n'y a dans les deux cas que des modalités différentes tenant à la différence de l'instrumentation.

CHAPITRE III

De la nutrition. Les minéraux naissent, croissent et meurent. Différences entre les minéraux et le protoplasme quant à la nutrition et à la reproduction. Le protoplasme joue le rôle *d'amorce* nécessaire. Le pouvoir d'amorce existe aussi dans la matière minérale. Série d'exemples qui le démontrent. Cristaux. Explosifs, etc. Rôle du pouvoir d'amorce dans le mécanisme de l'excrétion L'amorce a-t-elle été toujours une condition nécessaire de la matière vivante ? Que faut-il penser de la génération spontanée ?

Les êtres vivants sont le siége d'un échange continuel avec le milieu extérieur. Ils subissent des pertes continuelles qui doivent être réparées par des acquisitions, soit supérieures à la perte pendant la période de croissance, soit égales à la perte pendant la période d'état, soit inférieures à la perte pendant la période de déclin qui conduit à la mort Les êtres vivants en effet naissent, se développent, déclinent et meurent. Rien de semblable au premier abord ne semble se passer dans les corps bruts. Ni naissance, ni croissance, ni destruction, ni mort. La pierre, le minéral, le corps brut, nous *semblent* soustraits à ces phases de l'existence; et par conséquent aux phénomènes de nutrition qui en sont les corrélatifs nécessaires.

Je dis : *nous semblent*, car, en allant au fond des choses, ces propositions ne sont pas rigoureusement exactes.

Le minéral peut avoir une époque d'origine, celle où il s'est formé, où il est né. Quand des circonstances favorables se sont présentées, les atomes se sont cherchés, se sont groupés, se sont combinés; les molécules se sont agrégées, et le résultat de ces opérations a été le minéral. Il y a eu là une origine, une formation, une naissance, en donnant à ce mot un sens dont j'exposerai plus loin la vraie signification. L'individu minéral a apparu avec sa composition chimique, son aspect, ses propriétés physiques ou chimiques, son type cristallographique, sa variabilité propre.

Cette naissance peut s'accompagner d'une augmentation de volume par l'adjonction et l'agrégation de nouvelles parties semblables à la première. Un cristal une fois formé peut grossir par l'adjonction de nouvelles couches ; de nouveaux cristaux s'ajoutent à lui et forment une géode plus ou moins volumineuse jusqu'à ce que les conditions favorables (matériaux suffisants, température, etc.) aient disparu. De l'acide carbonique et de la chaux mis en présence, formeront en effet du carbonate de chaux qui se précipitera jusqu'à ce que la solution d'acide et de chaux soit épuisée, ou que l'une des deux parties fasse défaut à l'affinité de l'autre.

Dans le monde des êtres vivants il y a une première apparition ; un premier élément est formé, il grandit ; et d'autres semblables peuvent se former auprès de lui et s'agréger pour constituer aussi une géode. Seulement, il y a ici des différences très importantes qu'il convient de signaler, et sur lesquelles je reviendrai.

Non seulement le minéral naît, se développe et croît par l'adjonction de nouvelles molécules ; mais il vit comme les corps vivants dans une série continue d'échanges avec le milieu, échanges qui doivent, comme pour l'être vivant, aboutir à son altération, à sa dissociation et à sa mort.

Le minéral en effet, sous l'influence du froid et du chaud, de l'humidité ou de la sécheresse, subit des transformations qui pour être souvent *insensibles*, n'en sont pas moins réelles. Les éléments répandus dans l'air, l'oxygène, l'ozone, l'azote, l'ammoniaque, l'acide carbonique, l'acide azotique, l'eau, l'action des corps vivants portent atteinte, soit à sa constitution physique, soit à sa constitution chimique, sont l'occasion d'échanges et de nouvelles combinaisons, désagrègent les parties, atteignent les composés, les démolissent, s'emparent de certains de leurs éléments pour les engager dans des combinaisons nouvelles, qui feront partie soit des corps bruts soit des corps vivants, et qui une fois formées, une fois nées, vont à leur tour commencer une vie de destruction et de dissociation. Le minéral une fois constitué, commence à se transformer, à se modifier comme l'être vivant. Seulement, tandis que pour l'être vivant le roulement semble toujours s'opérer avec rapidité, d'une manière visible et tangible, et que les cycles sont toujours plus ou moins renfermés dans des périodes observables pour un homme, ou un petit nombre de générations d'hommes; chez le minéral au contraire, dans bien des cas, l'action est si lente, si sourde, si prolongée, qu'elle échappe à notre observation, et que nous finissons par avoir l'illusion d'une permanence des corps bruts. C'est là une impression qui fausse notre jugement et qui est d'autant moins justifiée, qu'à côté des corps bruts, à côté des matières prétendues mortes, qui nous paraissent inaltérées et inaltérables, il en est beaucoup d'autres qui subissent de rapides altérations, et dont l'individualité (si je puis ainsi parler) s'évanouit rapidement sous l'influence des échanges avec le milieu. Tel est le sort de bien des composés chimiques plus ou moins instables qui ne peuvent être longtemps conservés dans nos laboratoires.

Mais même parmi les corps les plus stables, nous pouvons constater les effets destructeurs des influences du milieu et des échanges avec l'extérieur. Ainsi, le feldspath si répandu dans la nature, et qui entre dans la composition des roches les plus dures, les plus résistantes, les plus éternelles en apparence, le feldspath, dis-je, subit des altérations souvent trop lentes et trop insensibles pour que nous puissions les suivre; mais, qu'il est possible de constater cependant, en observant les divers états que les influences et les échanges extérieurs ont produits en lui. Ainsi, ce corps très dur, se présentant sous forme de beaux cristaux très résistants, se réduit en poussière; la

silice, l'alumine, la chaux, la potasse et la soude se séparent et se désagrègent. Il se forme de l'argile (silicate
d'alumine) ; la silice s'isole en partie, se dissout dans l'eau
des pluies ; de telle sorte que chaque élément du feldspath
entre dans une combinaison nouvelle, et devient ou
pierre, ou plante, ou animal.

Le minéral a donc sa place dans le cours circulaire de
la vie universelle comme le végétal et l'animal. Il vit et il
meurt, quelque lents, quelque insensibles que soient en
lui les échanges, les mouvements de la vie, et la préparation et la consommation de la mort.

Mais il y a néanmoins dans l'état actuel de la nature,
telle que nous la révèle la terre que nous habitons, il y a,
dis-je, des différences à signaler entre la naissance et la
vie des corps vivants et des corps bruts.

Nous avons montré les ressemblances, et effectué les
rapprochements. Il convient maintenant d'exposer les
différences, de marquer les séparations avec toute leur
valeur. Cela fait, nous pourrons examiner à l'aide de
l'analyse si ces différences et cette séparation ont le
caractère absolu qu'on est disposé à leur reconnaître.

Si l'on examine comment s'opère la nutrition des corps
vivants, on s'aperçoit qu'il y a constamment acquisition
et perte, assimilation et désassimilation. Les substances
assimilées sont puisées soit directement à l'extérieur
(l'oxygène de la respiration, le carbone, l'eau, l'azote, etc.),
soit dans les produits de la digestion. C'est là d'ailleurs
une distinction superficielle et qui n'a rien de fondamental,
car l'appareil digestif est un perfectionnement qui est loin
d'exister chez tous les êtres vivants, et qui a pour but de
donner aux matériaux empruntés à l'extérieur une constitution qui en facilite l'utilisation.

Le principal rôle des substances assimilées, c'est d'entrer
dans la constitution du protoplasme vivant, substance
complexe et très instable, qui est la base, le substratum

par excellence, le milieu essentiel de la vie, et dont les substances albuminoïdes ou protéiques constituent l'élément principal, indispensable et caractéristique. Sans protoplasme, il n'y a pas d'être vivant. Avec le protoplasme, la série des actes de la vie est possible et se réalise. Nous pouvons donc regarder le protoplasme comme le représentant réel de l'être vivant, et le prendre pour sujet de nos raisonnements et de nos réflexions sur la nutrition.

Si donc nous nous demandons comment se forme, s'accroît et se nourrit le protoplasme, nous verrons que pour accomplir ces fonctions, pour réaliser ces actes, le protoplasma n'a pas besoin d'être plongé dans un milieu identique à lui-même. Il lui suffit d'avoir à sa portée et sous diverses formes, les éléments qui pourront entrer dans sa composition. Il a en lui l'énergie nécessaire pour choisir dans ces éléments ceux qui lui conviennent, pour s'en emparer dans une certaine proportion, pour les ajouter les uns aux autres, et en faire un tout qui est semblable à lui-même. Il ne se répare pas et ne se constitue pas à l'aide d'une substance identique à lui-même qu'il trouve toute formée dans le milieu extérieur ; il est obligé de la constituer à l'aide des éléments plus ou moins complexes qu'il emprunte à ce milieu.

On peut donc formuler cette proposition :

1° Le protoplasme, c'est-à-dire le substratum essentiel des phénomènes vitaux, l'instrument par excellence de la vie, ne trouve pas autour de lui pour le réparer directement et l'accroître, du protoplasma semblable à lui et formé en dehors de lui. Il ne peut donc se borner à s'en emparer et à l'ajouter à sa propre substance ; il est obligé de le former, de le constituer à son contact, en puisant dans le milieu où il est plongé les éléments qui le constituent et en les groupant dans des proportions et des relations spéciales et convenables. Ce fait peut se résumer ainsi :

1° L'être vivant est obligé de provoquer lui-même la formation de ce qui est appelé à constituer sa propre substance ;

2° La substance essentielle de l'être vivant, le protoplasme, ne se forme qu'en présence, au contact et sous l'influence d'un fragment de protoplasme. Ce qui revient à dire que dans l'état actuel de la nature, tel du moins que nous le connaissons, il n'y a pas de *génération spontanée*.

Chez le minéral, semble-t-il, on ne retrouve rien de semblable, et l'opposition paraît revêtir un caractère absolu. Aussi, *semble-t-il* qu'on doive pour ce dernier, formuler les deux propositions suivantes, qui sont l'opposé des deux précédentes :

1° Le minéral n'a pas besoin pour croître de provoquer lui-même la formation d'une substance semblable à la sienne. Il la trouve toute créée dans le milieu extérieur, et elle s'ajoute simplement et directement à lui ;

2° La matière minérale peut se former et se forme en dehors de la présence et de l'influence d'une portion de matière semblable. Elle peut se former *spontanément*, en assignant bien entendu à ce mot la signification qu'on lui donne quand il s'agit de génération spontanée, c'est-à-dire par l'influence seule du milieu et des composants.

A ces différences s'en ajoute une troisième relative au mode selon lequel la nouvelle matière s'ajoute à la première. On a beaucoup insisté sur cette différence, et l'on a beaucoup dit que si les êtres vivants croissent par *intussuception*, les minéraux croissent par *juxtaposition*. C'est-à-dire que chez les êtres vivants la substance nouvelle s'incorpore à l'ancienne, se mêle intimement à elle, se confond et se fusionne avec elle ; tandis que chez les minéraux, la substance première restant intacte et non modifiée, la substance nouvelle s'ajoute simplement à sa surface, se juxtapose sans qu'il y ait mélange, pénétration et fusion. Dans le premier cas, une délimitation entre l'ancien et le nouveau ne pourrait être tracée; dans le second, la distinction serait facile, ou tout au moins possible, les limites seraient plus ou moins nettes et évidentes.

La multiplication et la reproduction qui ont avec la nutrition des relations positives, semblent encore accentuer la différence entre la matière morte et la matière vivante. On peut résumer comme il suit cette différence :

1° Les êtres vivants se reproduisent par voie de *germes*, c'est-à-dire par des fragments qui se séparent d'une manière plus ou moins précoce du parent et qui deviennent le point de départ du développement direct ou indirect d'un être semblable au parent.

Il va sans dire que j'ai surtout en vue la reproduction prise dans le sens le plus général, et non pas seulement la reproduction sexuée qui, ainsi que nous le verrons, représente un rajeunissement des éléments reproducteurs, plutôt qu'une multiplication ;

2° Les corps bruts se forment d'une manière indépendante de tout parent et de tout germe, par des combinaisons, ou des réductions, ou des dédoublements, etc., dus à l'influence des agents extérieurs ou des affinités naturelles. L'oxygène et l'hydrogène se combinent sous l'influence de l'étincelle électrique pour former de l'eau, sans qu'il soit nécessaire qu'une certaine quantité d'eau servant de germe provoque la formation d'une nouvelle quantité d'eau par la combinaison de l'oxygène et de l'hydrogène présents.

Examinons de près la signification des différences que nous venons de formuler, et voyons si elles sont aussi radicales qu'elles le paraissent au premier abord.

Si nous analysons à ce point de vue le rôle de la matière vivante dans l'acte de la nutrition et de la reproduction, il nous semble qu'il se résume assez exactement en ceci : Un fragment de matière vivante, un fragment déterminé de protoplasme ayant une constitution chimique et une valeur dynamique données, se trouvant en présence d'un ensemble d'éléments chimiques, soit isolés, soit engagés dans des combinaisons diverses, peut provoquer dans leur sein et à leurs dépens, la formation d'une nouvelle quantité de protoplasme semblable à la première. Dans cette circonstance, donc, le protoplasme a joué le rôle de ce que j'appellerai une *amorce*. Or, ce rôle d'amorce, non-seulement le protoplasme est éminemment apte à le jouer, mais il le joue *nécessairement* ; car en dehors de cette action, il ne peut trouver pour se réparer ou s'accroître un protoplasma tout formé, qu'il lui suffirait de s'approprier. Le protoplasme joue donc le rôle d'*amorce* et d'*amorce nécessaire* pour la continuité de la vie.

Cette aptitude du protoplasme est donc une condition nécessaire de la nutrition. C'est peut-être un des caractères les plus essentiels de la nutrition, si ce n'est le plus essentiel, et peut-être un des facteurs les plus actifs, les plus efficaces de la nutrition, considérée dans sa phase la plus importante, la phase d'acquisition et d'assimilation. Cette phase de la nutrition considérée en bloc, ne se résume-t-elle pas en effet en ceci : prendre les éléments, ou les composés compris dans le milieu et les engager dans un groupement qui en fasse une substance identique à celle de l'amorce et qui s'ajoute intimement à elle?

La matière vivante ne peut donc trouver au dehors, pour l'acquérir directement, un groupement *identique* au sien, et produit en dehors de son influence ; mais à cette situation existe pour la matière vivante une compensation précieuse dans son aptitude remarquable à jouer le rôle d'amorce.

Avant d'aller plus loin, il convient de déterminer, de

fixer le sens que j'attribue ici au terme d'*amorce*. Pour moi, l'amorce est un état, un mouvement déjà existant et capable de provoquer par lui-même l'établissement d'un état, ou mouvement semblable dans le milieu approprié. Cette provocation peut être conçue comme une transmission, une communication de mouvement Les vibrations d'une corde sonore sont une amorce capable d'influer sur les cordes voisines et de provoquer en elles des vibrations. Le mouvement vibratoire de la première corde provoque surtout les vibrations des cordes susceptibles de donner le même son qu'elle, ou des sons harmoniques, c'est-à-dire qui soient avec le premier dans des rapports simples.

Je ne prétends point analyser et formuler exactement quel est, au fond, dans tous les cas, le mécanisme de ce rôle d'amorce. Je me demande seulement s'il ne serait pas vrai que l'amorce fût comparable dans le domaine matériel à l'*exemple* dans le domaine moral. Il semble, en effet, que dans les deux cas, il s'agit d'un *mouvement caractérisé* qui est capable, dans certaines conditions, de provoquer l'*imitation*. Dans le *monde moral*, l'imitation porte sur les mouvements de l'âme, sur la volonté, sur les sentiments et sur les actes qui en découlent. Dans le monde matériel, l'imitation peut porter sur des mouvements imprimés à la matière, sur la direction de ces mouvements, sur les productions de rapports moléculaires, tels que compositions ou décompositions, etc. En un mot, il s'agirait dans les deux cas de la transmission des mouvements d'un milieu dans un autre milieu où se trouvent des conditions plus ou moins favorables à cette transmission. C'est là, je le répète, une simple analogie que je donne pour ce qu'elle vaut, et qui ne change, d'ailleurs, rien au caractère extérieur de ce que nous comprenons sous le nom d'amorce.

Il est des cas où le mécanisme de l'amorce est évident

et facile à saisir ; tel est le cas de la vibration des cordes par influence, par transmission. Mais il en est d'autres où l'action est plus obscure, moins saisissable, et où, par cela même, on a été porté à la méconnaître.

Je crois que les phénomènes de nutrition, de formation du protoplasme, c'est-à-dire de la matière vivante, rentrent dans cette dernière catégorie. Je me garde d'oublier que les fermentations produites soit par des ferments figurés, soit par des zymases, jouent un rôle très important dans les phénomènes de la vie. Mais on leur doit surtout des dislocations, des démolitions, des dédoublements. Or, il s'agit ici de la formation, de la construction du groupe protoplasmique ; aussi crois-je devoir attirer l'attention sur un caractère de cette génèse qui me paraît avoir une importance réelle et qui a été passablement méconnu.

Examinons maintenant si dans la chimie et la physique des laboratoires, dans celles des corps bruts nous ne retrouvons rien qui nous rappelle légitimement ce rôle et ce pouvoir d'amorce que nous venons de reconnaître dans la matière vivante ? Je vais, à ce point de vue, analyser un certain nombre de faits qui, tout en répondant à la question que je viens de poser, auront, en outre, l'avantage d'éclairer la signification que nous donnons au terme d'amorce (1).

---

(1) Ces idées sur la nutrition et sur les rudiments que l'on en retrouve dans le règne minéral étaient rédigées depuis le mois de janvier 1891, et j'en avais fait le sujet de plusieurs leçons en 1884 et en 1890, et d'une conférence publique le 1er mai 1891, devant un nombreux auditoire, lorsque je pus prendre connaissance d'un article de M. le professeur Delbœuf, de l'Université de Liège, paru dans le numéro d'avril de la *Revue philosophique*. Dans cet article, l'auteur, parlant de l'assimilation, dit : « Comment s'opère cette transformation ? Nous n'en savons rien et nous n'en saurons probablement jamais rien. Ce serait faire faire un pas à la solution de la question que de la fondre dans une question plus générale qui l'impliquerait. C'est justement ce qu'a fait mon collègue M. Spring, professeur de chimie, dont la répu-

On connaît le phénomène de la surfusion. Il consiste en ceci : qu'un corps qui est fusible à une température donnée, peut, dans certaines conditions, être ramené à une température inférieure sans se solidifier.

Le phosphore, par exemple, fond vers 40°. Si, une fois fondu, on le laisse refroidir au repos, il peut descendre à une température bien inférieure à 40° sans se solidifier. Mais si dans ce phosphore liquide et refroidi on projette un morceau de phosphore solide, tout se solidifie instantanément.

Voilà donc un premier exemple d'amorce dans lequel

tation est en train de devenir européenne. L'assimilation, nous disait-il un jour, se rencontre dans la nature dite inorganique Mais telle est la puissance des habitudes, que, à cause de la différence des mots, on n'a pas vu l'identité des choses. Tout le monde connaît le phénomène appelé surfusion .... etc , etc. » Suivent alors comme exemples d'assimilation dans la nature inorganique, quelques-uns des cas que j'ai cités moi-même dans le présent essai.

Les idées de M. Spring, communiquées dans une discussion au sein d'une réunion de professeurs de l'Université de Liège, frappa, dit M. Delbœuf, tous les membres présents, et fut illustrée d'exemples par ceux des membres de l'assemblée qui avaient une compétence spéciale, MM. Swaen, professeur d'anatomie, L. Fredericq, professeur de physiologie, Von Winiwarter, professeur de clinique chirurgicale, le docteur Henrijeau, son assistant.

Je suis heureux de cette coïncidence qui donne à ma conception personnelle tout le poids de l'autorité incontestable des savants liégeois. Il ne s'agit pas ici de discuter une question de priorité. Ce qui importe, c'est que M Spring, de son côté, et moi, du mien, nous sommes arrivés spontanément à la même conception ; et je tiens surtout à constater cet accord fortuit sur une opinion que les savants collègues de M. Spring ont si favorablemenr appréciée. J'ignore, d'ailleurs, quelle est la date exacte de la communication verbale de M. Spring, mais je puis dire que j'ai pour la première fois exposé ces idées à l'ouverture de mon cours de 1884, ainsi qu'en font foi les notes de mon cours et celles de mes élèves; que je les ai longuement développées dans les deux premières leçons de mon cours de 1890 (novembre 1890) et ensuite dans mes conférences sur *la Vie et la Mort*, et particulièrement dans la conférence du 1ᵉʳ mai 1891.

l'état instable du phosphore liquide refroidi est transformé brusquement en état solide par l'influence et par la présence d'un morceau de phosphore solide. L'état solide de l'amorce provoque la solidification de la masse liquide. Il y a amorce de solidification.

Quand la solution d'un corps cristallisable est parvenue au point de saturation et de cristallisation, il se forme d'abord un grand nombre de très petits cristaux dans des points disséminés de la masse liquide. Mais une fois ce premier effet produit, il arrive que les cristaux qui viennent à se former, apparaissent au voisinage même des premiers et non dans des points indépendants. Enfin arrive un moment où n'apparaissent plus de nouveaux cristaux, et où les nouvelles parties solidifiées se bornent à recouvrir les premiers cristaux de couches successives, de manière à leur donner un plus gros volume. Il ne se forme pas de nouveaux cristaux, mais les cristaux primitifs croissent par superposition de nouvelles couches. Ici donc encore la présence de cristaux déjà formés exerce une influence évidente pour provoquer de nouvelles cristallisations et de nouveaux dépôts cristallins, puisque c'est au contact et à la surface de ces cristaux que se déposent exclusivement les nouvelles masses cristallines. Le cristal déjà formé provoque dans la masse le mouvement de cristallisation. Il semble communiquer aux molécules cristallisables une sorte de direction et d'orientation identiques à celles de ses propres molécules, et il joue, par là, le rôle d'amorce. Dans une solution sursaturée d'un sel, la cristallisation est donc déterminée par la présence d'un cristal de ce même sel ; mais il y a plus : elle peut résulter aussi de la présence d'un cristal de même forme, quoique de composition différente. Une solution sursaturée de sulfate de nickel, par exemple, pourra cristalliser sous l'influence d'un cristal de sulfate de fer.

Les cas qui précèdent permettent déjà de se faire une

idée du rôle de l'amorce dans les phénomènes de cristallisation. Mais en voici d'autres qui ont quelque chose
de plus frappant encore.

On sait que M. Pasteur a presque débuté dans la série
si remarquable de ses découvertes scientifiques par ses
observations sur les cristaux de l'acide tartrique et de ses
sels. Il remarqua, en effet, que les cristaux d'acide tartrique étaient dissymétriques, c'est-à-dire ne pouvaient
pas se diviser en deux parties superposables, et qu'ils
déviaient, quand ils étaient dissous, le plan de polarisation. Mais il remarqua aussi que l'acide paratartrique,
qui avait même composition chimique que l'acide tartrique, même poids spécifique, même double réfraction,
mais dont la solution était sans action sur la lumière
polarisée, était composée de deux formes de cristaux
également dissymétriques, mais dans deux sens opposés,
les uns étant des cristaux droits et les autres des cristaux
gauches. Ces cristaux, séparés avec soin, se trouvaient
être en poids égaux.

Les cristaux droits et les cristaux gauches furent dissous séparément, et la solution des premiers fit tourner
vers la droite le plan de polarisation de la lumière, et
celui des seconds le fit tourner vers la gauche. Le mélange
à quantités égales des deux solutions n'avait pas d'action
sur la lumière polarisée, c'est-à-dire que les deux actions
en sens opposés s'annulaient réciproquement. La solution
était neutralisée.

Eh bien ! si, dans une solution sursaturée de ces cristaux droits et gauches, on jette un morceau de bois, une
pierre, un corps étranger quelconque, il ne se produit
pas de changement, et la liqueur ne cristallise pas ; ce
qui prouve bien qu'une impulsion, un choc *quelconque*
n'est pas capable de provoquer la cristallisation ; mais si
l'on y projette un cristal même *infiniment petit* d'acide
tartrique, de l'une ou de l'autre forme, la température

s'élève, et en quelques instants tout l'acide de même forme que le cristal projeté qui se trouve dans la solution est cristallisé, tandis que l'autre reste dissous.

M. Gernez a fait pour le borax une expérience analogue. On sait que le borax peut se présenter sous deux formes : le borax octaëdrique, qui renferme 5 HO, et le borax rhombique, qui renferme 10 HO. Ces deux borax ne diffèrent entre eux, comme composition, que par la proportion d'HO qu'ils renferment.

Si l'on prend une solution sursaturée de ces deux formes, et qu'on y projette un corps étranger, il ne se produit pas de changement ; mais l'adjonction d'un cristal même *infiniment petit* de l'une ou l'autre forme, provoque aussitôt la cristallisation du borax de la forme correspondante, tandis que l'autre reste dissous.

Le formiate de strontiane, qui se présente comme l'acide tartrique sous deux formes cristallines, l'une gauche et l'autre droite, donne lieu aux mêmes phénomènes.

Voilà donc l'influence d'un cristal, même *infiniment petit* comme *amorce* de l'une des formes cristallisées, à l'exclusion de l'autre.

Dans les cas qui précèdent, les formes cristallines restent constantes pour chacune des deux parties du corps cristallisable. L'acide tartrique droit ne devient pas gauche, et réciproquement. Aussi, le petit cristal d'acide tartrique droit ne provoque-t-il la cristallisation que de la partie d'acide dissous qui est droit comme lui et n'exerce aucune influence sur la partie qui est gauche. Mais il est des cas où l'influence d'une amorce provoque un effet plus remarquable et plus frappant ; car elle a pour résultat de transformer la forme d'un corps déjà cristallisé en une forme différente. La nouvelle forme est déterminée par la forme même de l'amorce.

Tel est le cas observé par M. D. Gernez (1) et rapporté

(1) Comptes-rendus de l'Intitut du 27 juillet 1874.

dans une note : *Sur la production, dans le même lieu et à la même température, des deux variétés de soufre octaèdrique et prismatique.*

« On admet généralement, dit **M.** Gernez, que les va-
« riétés polymorphes des corps ne peuvent prendre nais-
« sance que dans des conditions différentes de milieu et
« de température. Pour le soufre en particulier, on
« avait été conduit à penser qu'on ne pouvait rencontrer
« dans le même dissolvant, qu'à des températures diffé-
« rentes, le soufre cristallisé en octaèdres droits à base
« rectangulaire et en prismes obliques symétriques : la
« forme octaèdrique étant la forme stable aux basses
« températures, l'autre étant la forme stable aux tempé-
« ratures élevées. Cette nécessité d'une différence de
« température pour la production de ces deux formes
« cristallines *incompatibles*, a été d'autant plus facile-
« ment admise qu'on ne comprenait pas que, toutes
« choses étant égales d'ailleurs, il pût se produire deux
« figures d'équilibre du même corps qui fussent diffé-
« rentes. Je suis cependant parvenu à faire naître *à vo-
« lonté*, dans le même liquide et à la même température,
« soit l'une, soit l'autre des deux formes du soufre. Il
« m'a suffi pour cela de faire intervenir l'influence du
« *germe* de l'une ou de l'autre forme. A cet effet, je
« mets dans un tube fermé à un bout une variété dé-
« terminée de soufre, par exemple des cristaux octaè-
« driques ; je les dissous dans du toluène, ou dans de la
« benzine à une température qui peut être de beaucoup
« inférieure à 80° ; et je prépare ainsi facilement une
« solution sursaturée. Lorsque cette solution est arrivée,
« par refroidissement, à la température de 15° par
« exemple, sans cristalliser, j'y introduis l'extrémité d'un
« fil rigide qui porte un cristal octaèdrique ; aussitôt des
« cristaux octaèdriques naissent et grandissent lentement,
« car la chaleur de solidification du soufre est très grande,

« et, à mesure qu'ils s'accroissent, le liquide qui les
« baigne s'échauffe et ne redevient sursaturé que lorsque
« la chaleur s'est en partie dissipée. Si j'amène au
« contraire dans le liquide une cristal prismatique, il
« se développe uniquement des prismes qui, suivant la
« concentration de la solution, présentent les apparences
« de lames minces ou de prismes transparents de plu-
« sieurs centimètres de longueur, et qui s'allongent plus
« rapidement que les octaëdres, car la chaleur de solidi-
« fication du soufre prismatique est beaucoup moindre
« que celle du soufre octaëdrique, et, par suite, le liquide
« ambiant est moins échauffé. J'ai réalisé cette expérience
« à des températures différentes, même à 5° au-dessous
« de zéro.

« Du reste, on peut faire naître simultanément les
« deux espèces de cristaux en deux points de la solution,
« soit en y amenant deux cristaux de formes différentes,
« soit en opérant de la manière suivante : On prend un
« tube étroit, fermé à un bout, on y introduit du soufre
« octaëdrique et l'on ajoute du toluène ou de la benzine
« en quantité suffisante pour dissoudre tout le soufre à la
« température la plus élevée à laquelle on veut le porter.
« On chauffe alors au-dessous de 80°, en agitant de
« temps en temps, puis on laisse refroidir.

« Le tube étant étroit, les couches liquides superposées
« ne se mélangent pas facilement. A la partie inférieure,
« au contact du soufre octaëdrique en excès, naissent
« bientôt des pointes d'octaëdres qui croissent très lente-
« ment. Vient-on à introduire par l'orifice du tube un
« cristal prismatique porté à l'extrémité d'un fil et main-
« tenu à la partie supérieure du liquide, il se produit
« aussitôt des cristaux de même forme qui grandissent
« rapidement et viennent à la rencontre des octaëdres. Il
« arrive souvent que, par suite de la chaleur dégagée par
« la solidification du soufre, la solution interposée cesse

« d'être sursaturée, et les cristaux de deux espèces ainsi
« isolés conservent leurs forme; mais dans les solutions
« très concentrées, les cristaux se rejoignent, et alors,
« sitôt que l'extrémité d'un prisme rencontre la pointe
« d'un octaèdre, il se produit une transformation pro-
» gressive bien connue de ces prismes en chapelets d'oc-
« taèdres, dont l'ensemble conserve la forme prisma-
« tique, mais devient tout-à-fait opaque; il y a en même
« temps un dégagement de chaleur qui se traduit par le
« mouvement des couches environnantes, mouvement
« rendu visible par la différence des indices de réfrac-
« tion des parties inégalement dilatées. Il va sans dire
» que l'on peut toujours provoquer cette transformation
« des cristaux prismatiques en les touchant avec un
« cristal octaédrique. Dans le cas où ce contact n'a pas
« lieu, les prismes conservent leur forme et leur trans-
« parence sans doute indéfiniment, car je conserve des
« prismes de ce genre depuis le 28 mars (4 mois) et
« laissés, depuis cette époque, dans des tubes fermés pour
« empêcher à la fois l'évaporation du liquide et l'accès
« des *poussières du laboratoire* qui contiennent du soufre
« qu'il est impossible de ne pas disséminer pendant les
« expériences, et qui, du reste, est volatil à la tempéra-
« ture ordinaire.

« Cette production dans le même milieu et à la même
« température de deux espèces cristallines *incompatibles*,
« dont l'une peut se transformer en l'autre par contact,
« n'est pas un fait isolé; j'ai reconnu des phénomènes
« analogues dans des solutions convenables de salpêtre;
« ils contribuent à établir de la manière la plus nette l'in-
« fluence des *germes cristallisés* sur la formation de
« cristaux qui ont rigoureusement la même forme, in-
« fluence que j'ai déjà signalée, notamment dans mes
« expériences sur la production des tartrates droit et
« gauche de soude et d'ammoniaque, et en général des

« deux formes cristallines des substances hémiédriques. »

MM. Parmentier et Amat ont publié des faits analogues dans une note insérée dans les comptes-rendus de l'Institut (1): *Sur un cas de dimorphisme observé avec l'hyposulfite de soude* (Na O, S² O³, 5 H O). M. Parmentier a eu la bonté de répéter ses expériences devant moi, et j'ai pu en suivre tous les détails. Ces expériences présentant un intérêt très sérieux, et devant me donner l'occasion de quelques remarques, je vais, comme pour celles de M. Gernez sur le soufre, citer textuellement les parties de la note qui se rapportent à notre sujet.

« On sait, disent les auteurs de la note, que si l'on
« abandonne à elle-même, à une température ordinaire,
« une dissolution sursaturée d'hyposulfite de soude, en
« la mettant, par un moyen quelconque, à l'abri de tout
« *germe* de cristal du même sel, cette dissolution peut
« se conserver fort longtemps sans cristalliser. L'intro-
« duction d'*un cristal* dans la liqueur d'hyposulfite de
« soude détermine la formation de prismes gros et courts,
« identiques aux cristaux introduits.

« La température monte jusqu'à un point qui dépend
« de la quantité ajoutée au sel, et qui est toujours infé-
« rieure à 47° 9, point de fusion du sel ordinaire, d'après
« nos expériences.

« En refroidissant des dissolutions très concentrées
« d'hyposulfite de soude ordinaire dans un mélange ré-
« frigérant, en l'*absence de tout germe* de cristal ordi-
« naire, nous avons constaté qu'il se produit des cris-
« taux tout différents des précédents : ce sont des aiguilles
« très fines, d'une longueur de plusieurs centimètres.
« La température du liquide s'élève encore, mais toutes
« choses égales d'ailleurs, moins que dans l'expérience
« précédente.

(1) Comptes-rendus de l'Institut. 1884.

« Les cristaux ainsi obtenus *ensemencés* avec les pré-
« cautions convenables dans des dissolutions sursaturées
« d'hyposulfite de soude, ont reproduit des cristaux iden-
« tiques, toujours avec dégagement de chaleur, mais avec
« une élévation de température ne dépassant pas 32°.
« Quand nous avons introduit dans les liqueurs conte-
« nant ces aiguilles fines, des *parcelles* de cristaux d'hy-
« posulfite ordinaire, nous avons vu la liqueur s'échauffer
« et ces aiguilles disparaître, pendant qu'il se produisait
« des prismes gros et courts, identiques au sel introduit.
« En essayant d'isoler ces aiguilles fines par décantation
« de l'eau mère et compression de cristaux entre des
« feuilles de papier, nous avons toujours eu le même
« phénomène de transformation, par suite de la présence
« de *germes* de cristaux du sel ordinaire dans l'*atmos-*
« *phère.* »

Les résultats de l'analyse des deux sortes de cristaux
ont montré que la composition chimique était identique,
et était celle de l'hyposulfite de soude ordinaire N° 0,
$S^2 O^3$, 5 H O.

Dans les expériences auxquelles j'ai assisté, il a suffi
de toucher les aiguilles fines avec une baguette de verre
qui avait été simplement mise en contact avec les cristaux
prismatiques, et par conséquent n'ayant à sa surface que
des parcelles imperceptibles de ces cristaux, pour opérer
la transformation des aiguilles en prismes gros et courts.
« Les deux modifications obtenues dans les conditions
« que nous avons énumérées *diffèrent nettement* entre
« elles. L'hyposulfite de soude ordinaire fond à 47° 9,
« tandis que la modification nouvelle fond à 32°; ce
« caractère est très net et permet de reconnaître fa-
« cilement quelle espèce de sel on a reproduite. Comme
« aspect extérieur, les deux espèces de cristaux sont
« différentes ; le sel ordinaire se présente sous la forme
« de cristaux gros et courts, tandis que le sel fon-

« dant à 32° cristallise en aiguilles longues et fines.
« Cependant le sel fondant à 32° semble cristalliser
« comme le sel ordinaire dans le système clinorhom-
« bique. Les angles des deux espèces de cristaux
« paraissent très voisins. Le sel fondant à 32° au simple
« contact du sel ordinaire se transforme avec dégagement
« de chaleur, et les cristaux deviennent opaques de
« proche en proche à partir du point touché. Si l'on
« opère la transformation à 32°, le thermomètre monte
« à 47° 9, et une partie du sel entre en fusion. »

Les points que je tiens à mettre en saillie dans les observations qui précèdent, sont les suivants :

1° Dans tous les cas il a suffi de parcelles *infiniment petites* des cristaux, des poussières contenues dans l'atmosphère pour que l'impulsion fût donnée et pour que la cristallisation fût provoquée et déterminée. Dans tous les cas, la forme cristalline produite a été celle des fragments de cristal introduits. Le fragment de cristal a donc joué le rôle d'*amorce*; je ferai remarquer même que pour rendre leur pensée sur l'action des fragments introduits, MM. Gernez, Parmentier et Amat ont employé le terme de *germe*, ce qui implique dans l'esprit des observateurs je ne dirai pas une identification de ces germes minéraux avec les germes organisés et vivants, mais tout au moins un rapprochement très significatif, par cela même qu'il semble s'imposer même à l'esprit de ceux qui ne songent point à ce rapprochement au point de vue spéculatif;

2° Dans les cas analogues à celui des acides tartriques droit et gauche, du borax, du formiate de strontiane, l'influence de l'amorce se borne à provoquer la cristallisation du corps dissous de même constitution cristallographique que celle de l'amorce. Celle-ci donc n'agit que sur une portion déterminée des corps dissous et laisse l'autre indifférente;

3° Dans les cas analogues à ceux du soufre et de l'hyposulfite de soude, l'influence de l'amorce est plus étendue, car non-seulement elle provoque la cristallisation de tout le corps cristallisable sous une forme semblabe à celle de l'amorce ; mais elle est capable de transformer les cristaux d'une forme en cristaux d'une autre forme, même dans le cas où (comme pour le soufre) les deux formes cristallines sont incompatibles.

L'influence de l'amorce est donc capable dans le premier cas, de faire naître, ou de mettre en activité des centres d'attraction et d'orientation des molécules dissoutes ; et dans le second cas, de déplacer ces centres et de les fixer dans de nouvelles situations. L'amorce agit donc sur la constitution moléculaire des corps et provoque des mouvements déterminés par sa propre forme cristalline.

En outre, cette influence de l'amorce est capable de déterminer des changements d'une autre nature dans la constitution moléculaire et dans les qualités physiques des corps, puisque ces deux corps de même composition chimique, mais de formes cristallines différentes, ont des températures de fusion très nettement différentes, soit pour le soufre, soit pour l'hyposulfite ; 47° 9 pour l'hyposulfite à prismes gros et courts, et 32° pour l'hyposulfite à aiguilles fines et longues.

L'influence de l'amorce, ou germe, modifie la disposition des atomes dans la molécule et produit soit l'isomérie, soit l'allotropie. Il y a donc là une influence sur le groupement des atomes capables de déterminer soit la forme d'un corps simple, soit celle d'un corps composé.

4° Enfin, j'appelle l'attention du lecteur sur ce fait que les solutions sursaturées peuvent rester longtemps sans cristalliser en l'absence d'une amorce ; ce qui contribue à mettre en saillie la puissance de ce dernier facteur.

. Les exemples précédents démontrent suffisamment, me semble-t-il, que dans la nature morte et dans les opérations de laboratoire sur les corps bruts, on retrouve cette influence du fragment déjà existant qui lui fait jouer le rôle d'amorce, mais d'*amorce de la forme et de la constitution physique et moléculaire* des corps bruts. Nous sommes donc en présence de *germes* de la *forme* et de la *constitution physique et moléculaire*. Ce sont là des traits de ressemblance avec le rôle et l'influence des germes organisés vivants. Mais il n'y a là qu'une ressemblance partielle. Il manque quelques traits fort importants pour un rapprochement complet. Les germes vivants non-seulement servent d'amorce pour la forme et la constitution physique, mais aussi, ce qui est autrement important et délicat, pour la composition chimique ; ils ne se bornent pas à provoquer la situation relative *des composants* dans *une combinaison déjà formée*, mais aussi la *formation de la combinaison elle-même.*

Les germes vivants provoquent au sein du milieu de l'organisme qui résulte de l'élaboration des ingesta, provoquent, dis-je, la formation de composés chimiques semblables à eux ; le protoplasme provoque la formation de protoplasme nouveau. Voyons si dans la chimie des laboratoires nous ne rencontrons pas aussi quelque chose de semblable

Je ne connais pas beaucoup d'exemples de ce rôle d'amorce dans la production d'un composé chimique où la vie ne joue aucun rôle. Ce rôle d'amorce déterminant des combinaisons chimiques est une forme *très compliquée*, et exige probablement une grande et énergique impulsion, une puissance entraînante spéciale que la matière vivante par excellence, le protoplasme, paraît seule posséder à un haut degré. Il est d'ailleurs possible qu'il existe bien plus qu'on ne le pense des faits de cet ordre, attendu que l'attention des chimistes ne s'est peut-être pas assez tournée vers ces phénomènes qui me paraissent cependant présenter un sérieux intérêt. Voici un exemple de cette forme du rôle de l'amorce :

Le zinc et l'iodure d'éthyle ne réagissent pas très facilement l'un sur l'autre pour donner naissance au zinc-éthyle. Il faut une *amorce* à la réaction. L'une des plus avantageuses consiste à ajouter au mélange de zinc en tournure et d'iodure d'éthyle, une petite quantité de zinc-éthyle, c'est-à-dire le produit d'une opération précédente. Grâce à cette amorce, la réaction s'effectue facilement et régulièrement.

$$Zn^2 + \begin{matrix} C^2\,H^5\,I \\ C^2\,H^5\,I \end{matrix} = 2\,Zn\,I + Zn \begin{matrix} C^2\,H^5 \\ C^2\,H^5 \end{matrix}$$

Ce procédé est courant dans les laboratoires de chimie organique.

Voilà donc le zinc-éthyle jouant le rôle d'amorce pour le zinc-éthyle, c'est-à-dire pour la production d'un composé chimique.

Voici un autre exemple d'amorce qui demandera à être interprété : il s'agit d'un dédoublement et non d'une combinaison.

Le sucre appelé galactose, qui est un produit de décomposition du sucre de lait, quand il est pur ne fermente pas en présence de la levure de bière, c'est-à-dire ne se décompose pas en alcool et en acide carbonique. Mais la présence d'une petite portion de glucose, *sucre fermentescible*, entraîne bientôt la fermentation alcoolique du galactose (Bourquelot).

Les sucres appelés *lévulose* et *maltose* déterminent, comme le glucose, la mise en train de la fermentation du sucre connu sous le nom de galactose.

La présence soit du glucose, soit du lévulose, soit du maltose sert donc d'amorce à la fermentation alcoolique du galactose.

Je n'ai garde d'oublier le rôle joué dans la fermentation par la vie représentée ici par la levure de bière. Mais, néanmoins, je crois qu'il faut considérer ce fait comme un exemple d'amorce emprunté à la matière morte quoique organique et représentée par le glucose et le galactose. Il s'agit ici non d'une combinaison, mais d'un dédoublement dans lequel l'action d'un dédoublement précédemment opéré sert d'amorce au dédoublement futur. Ce fait comporte plusieurs interprétations d'inégale valeur et qu'il convient d'apprécier.

Le glucose agit-il sur le ferment? lui confère-t-il, en le modifiant, la puissance qu'il n'avait pas d'abord, de dédoubler le galactose? C'est peu admissible; car si les corps vivants (et le ferment en est un) se modifient parfois facilement sous l'influence d'une cause, il est vrai aussi qu'ils reviennent très facilement à leur premier état si la cause est de peu de durée et dès que la cause modificatrice fugace a disparu, et que les conditions premières et durables se sont reproduites. Or, la petite proportion de sucre fermentescible étant usée dès les premiers moments de la fermentation, le ferment devrait revenir à son impuissance vis-à-vis du galactose.

Le glucose, agissant comme amorce pourrait avoir introduit une modification du galactose, et lui avoir communiqué une plus grande aptitude au dédoublement, sous l'influence de la levure de bière.

Le dédoublement du glucose peut avoir été lui-même l'amorce du dédoublement du galactose, comme une combinaison commencée peut être l'amorce d'une combinaison analogue (zinc-éthyle), comme un cristal est l'amorce d'une cristallisation.

Enfin, on peut se demander si l'alcool de dédoublement du glucose ne devient pas une amorce pour l'alcool du galactose, et si l'état naissant de l'alcool de glucose n'est pas une condition favorable à ce rôle d'amorce.

De ces explications, la première me paraît de beaucoup la moins acceptable, et quant aux trois dernières, quelle que soit celle que l'on adopte, elle constitue toujours un fait d'*amorce* agissant entre substances appar-

tenant à la chimie des cornues et des laboratoires, car si
le glucose et le galactose sont des produits de la vie, ou
des dérivés des produits de la vie, on ne saurait cependant les considérer dans ce cas-ci comme appartenant à
un organisme vivant.

On ne pourrait, me semble-t-il, invoquer une modification de l'action du ferment par une très petite quantité
de glucose, car cette modification serait fugace comme la
durée du glucose lui-même. Ce qui paraît probable, c'est
qu'un mouvement de dédoublement provoque le dédoublement, comme dans le cas inverse, un mouvement de
combinaison provoque et entretient un mouvement de
combinaison.

Les cas qui précèdent tendent certainement à diminuer
la distance qui sépare, au point de vue du pouvoir
d'amorce, la matière vivante de la matière non vivante.
Mais la nature, mieux que les laboratoires, nous aidera
à combler la lacune déjà restreinte. Sa lente activité a pu
produire des phénomènes que nous ne saurions imiter,
mais dont l'étude attentive est une grande source d'instruction. A cet égard, je ne saurais me dispenser de citer
ici quelques extraits d'une communication faite à la
Royal Institution, en 1891, par M. John W. Judd (1).
Les données que j'emprunte à cette communication me
paraissent du plus haut intérêt pour la thèse que je
cherche à établir ; aussi me permettrai-je d'y joindre les
réflexions qu'elles me suggèrent. M. Judd appelle notre
attention sur un cas curieux, dans lequel les masses cristallines présentent des phénomènes extrêmement compliqués. Ceux-ci, dit-il, ont été révélés par l'étude des cristaux naturels, et ils sont de telle nature qu'*il n'est guère
permis d'espérer les reproduire jamais dans nos tubes à
essais et nos creusets.*

(1) *La Régénération des Cristaux.* Traduit dans la *Revue scientifique*, 27 juin 1891.

M. Judd rappelle d'abord une propriété des cristaux que l'on peut énoncer de la façon suivante :

« Les corps cristallins ont la faculté de recommencer à « croître après interruption, et il ne semble pas qu'il y « ait de limites à la période après laquelle la croissance « peut s'effectuer de nouveau. »

Ainsi un cristal, retiré d'une solution et replongé dans une solution de même nature, recommencera à croître comme auparavant. La géologie apporte des exemples où cette reprise de la croissance a dû s'effectuer après des milliers d'années.

Ce fait nous rappelle les animaux et plantes reviviscents dont il sera question plus loin. Il n'y a, en effet, entre les deux cas, que des différences de degré. Dans les deux cas, en effet, les conditions nécessaires à l'assimilation à l'amorce étant supprimées, l'acquisition de nouvelle substance est interrompue. Elle reprend dès que les conditions nécessaires sont reproduites. Et ces conditions sont, les unes et les autres, des conditions de milieu. « La croissance des cristaux, de même que « celle des animaux et des plantes, dit fort justement « M. Judd, est déterminée par le milieu ambiant. » Il y a seulement cette différence que, tandis que pour les cristaux l'intervalle de repos ou d'inactivité *semble* indéfini, il est possible que chez les êtres vivants il ait une limite d'ailleurs variable. C'est là une différence de degré qui trouverait une explication suffisante dans la différence de rapidité et d'activité du mouvement vital chez les minéraux et chez les êtres dits vivants.

Mais voici un fait très intéressant qui est bien propre à démontrer la réalité du pouvoir d'amorce : Un cristal qui s'est formé dans des conditions particulières, peut, après un intervalle de temps plus ou moins long, continuer à grandir dans des *conditions tout à fait différentes* et suivant *un mode absolument opposé*. Ainsi des cristaux de quartz qui se sont formés dans un magma en fusion, peuvent continuer à croître quand on les met dans une solution de silice à la température ordinaire ; des cristaux de feldspath formés dans une masse de lave incandescente peuvent croître, si des agents de solution leur apportent les matériaux nécessaires empruntés à la masse vitreuse environnante, et cela même après que toute la masse de lave s'est refroidie et solidifiée.

Il résulte clairement de là que la présence du quartz ou du feldspath suffit à déterminer la formation de nouvelles couches cristallines de quartz et de feldspath, dans des conditions de milieu où il ne s'en formerait peut-être pas, n'était la présence de germes jouant le rôle d'amorce. Ce fait est très digne de remarque, car il diminue notablement la distance qui semble séparer l'amorce minérale de l'amorce vivante.

Autre fait très remarquable : La forme normale d'un cristal peut être complètement altérée par la présence de *traces infinitésimales* de certaines substances étrangères, qui, notons-le bien, *n'entrent d'aucune façon* dans la composition de la masse cristalline. Certaines cristallisations ne peuvent même s'effectuer qu'en présence de l'eau, des fluorures, ou d'autres sels. Ces corps, qui exercent une influence sur les substances cristallines sans entrer dans leur composition, ont reçu des géologistes le nom de « *minéralisateurs.* » M. Judd fait judicieusement remarquer que leur mode d'action a une ressemblance curieuse avec celui de la *diastase* et des « *ferments solubles* » des chimistes, qui sont, pour la plupart, d'origine organique.

Une autre propriété, sur laquelle M. Judd appelle notre attention, est la suivante : « Si un cristal est brisé « ou mutilé d'une façon quelconque, il a le pouvoir de « réparer ses pertes durant sa croissance subséquente. »

Si le cristal est brisé, chaque fragment tend à reconstituer un cristal parfait ; ce qui paraît rappeler d'une manière assez piquante ce qui a lieu lorsqu'une cellule se fragmente, ou lorsqu'un organisme inférieur est coupé en morceaux, chaque morceau tendant à reconstituer la cellule entière, ou l'organisme complet.

Les cristaux enlevés à leur solution mère et déformés de diverses façons, se réparent complètement et recommencent à croître, dès qu'on les replace dans le liquide.

En 1881, Loir a démontré pour les cristaux d'alun : 1° que si les modifications qu'on a fait subir à un de ces cristaux ne sont pas trop profondes, il ne recommencera à croître sur toute sa surface que *lorsque ces déformations auront été réparées ;* 2° que les surfaces du cristal qui ont été mutilées *s'accroissent plus rapidement* que les faces naturelles.

On a démontré que dans les feldspaths de certaines roches, des cristaux qui avaient été arrondis, brisés, corrodés, altérés même dans leur constitution, en un mot, qui ont subi des modifications à la fois physiques et *chimiques,* peuvent se réparer et continuer à croître, grâce à des *matériaux dont la composition chimique diffère considérablement de celle du cristal primitif.*

Cette faculté du cristal de provoquer, au sein d'un milieu dont la composition chimique diffère considérablement de la sienne, la formation d'une matière cristalline identique à la sienne et qui s'ajoute à lui pour suffire à la réparation et à la croissance, cette faculté du cristal, dis-je, rappelle d'une manière aussi complète que frappante tout ce qui caractérise essentiellement le rôle de l'amorce dans la production, la réparation et l'accroissement de la matière vivante. Il y a là identité de conditions, identité d'effets et, très probablement, identité de cause et identité de processus.

Cette ressemblance a, d'ailleurs, frappé le minéralogiste anglais, et je crois devoir transcrire ici le paragraphe donnant de ces faits une appréciation où il constate très judicieusement que les différences qui semblent, à cet égard, séparer les minéraux des êtres vivants s'atténuent dans une gradation qu'il est aisé de constater.

« On est tout naturellement porté, dit M. Judd, à « comparer ces phénomènes du monde inorganique avec « les faits si familiers que nous présente la biologie. Ce « n'est que dans les formes les plus inférieures de la vie « animale que nous trouvons un pouvoir illimité de « réparer les pertes faites par l'organisme; chez les « rhizopodes et dans quelques autres groupes, un petit « fragment du corps peut grandir et reproduire un orga- « nisme parfait. Les plantes présentent beaucoup plus « fréquemment ce phénomène, même dans des espèces « appartenant aux groupes les plus élevés de la série « végétale. C'est ainsi que des bourgeons, des bulbes, « des rameaux peuvent — parfois après un long inter- « valle — grandir et se transformer en individus nou- « veaux et parfaits. Dans le règne minéral, nous trouvons « que le même principe a reçu une extension beaucoup « plus grande. Nous ne connaissons, en fait, pas de « limite à la petitesse des fragments qui peuvent, dans « des conditions favorables, se transformer en cristaux « parfaits. Il n'y a de bornes à leur croissance que le « temps durant lequel celle-ci peut être suspendue dans « chaque cas individuel. »

Voici encore une autre propriété des cristaux : « Deux « cristaux de substances absolument différentes peuvent « se développer dans l'espace limité par certains plans, « et se confondre d'une façon presque inextricable, tout « en conservant chacun son individualité distincte dé- « montrée par ses divers caractères (forme cristalline, « propriétés optiques, etc.) »

Cette propriété est une conséquence du fait que la

substance d'un cristal n'est pas nécessairement continue dans l'espace défini par les plans qui la limitent. Les cristaux présentent souvent des cavités remplies d'air et d'autres substances étrangères.

Une pareille pénétration de cristaux différents, avec conservation pour chacun de son individualité, reporte naturellement l'esprit vers certains cas d'endoparasitisme, ou de commensalisme. On retrouve dans ces intrications cristallines quelque chose qui rappelle la constitution du lichen, où le champignon et l'algue sont si bien réunis et confondus dans le même espace limité qu'on a bien longtemps tardé à les distinguer, quoique cependant chacun y conserve son individualité distincte.

Enfin, la dernière propriété des cristaux, sur laquelle M. Judd appelle l'attention, est celle-ci :

« Un cristal peut subir les modifications intimes les « plus importantes ; elles peuvent altérer profondément « les propriétés optiques et les autres caractères phy- « siques du minéral. Toutefois, pourvu qu'une *propor- « tion même infime de ses molécules reste intacte*, le « cristal peut conserver non seulement sa forme exté- « rieure, mais même sa faculté de *croître* et de *réparer « ses pertes*. »

Ou en d'autres termes : « Si avancées que soient les « modifications intimes, les phénomènes de désinté- « gration que subit un cristal, pourvu qu'il contienne « encore une *faible proportion de molécules inalté- « rées*, il pourra se *rénover* et *recommencer à croître*. »

Ne voilà-t-il pas une manifestation extrêmement remarquable du pouvoir d'amorce chez les *cristaux*, et à un degré tel que ce qui se passe dans les organismes dits vivants n'a rien de plus caractérisé et de plus frappant. Dans un cristal altéré, quelques molécules restées intactes suffisent pour déterminer la formation de parties cristallines qui réparent les pertes et complètent la croissance.

Existe-t-il une manifestation nutritive et réparatrice plus éclatante chez le végétal ou chez l'animal?

D'ailleurs, fait remarquer M. Judd, les cristaux *vieillissent* comme nous-mêmes. Ils subissent non seulement les atteintes du milieu ambiant, fractures de cause mécanique, ou corrosion chimique, mais certains agents affectent en outre leur structure intime dans sa totalité. A mesure que leur structure se modifie, les cristaux perdent graduellement leurs propriétés optiques et physiques distinctives, tout en conservant leur forme extérieure, et lorsque la dernière des molécules primitives a été transformée ou remplacée par d'autres, ils passent dans la classe de minéraux que nous connaissons sous le nom de *pseudomorphes*.

Mais, ajoute l'auteur, si les cristaux nous ressemblent parce qu'ils « *vieillissent* » et finissent par se dissoudre, ils possèdent le remarquable pouvoir de *redevenir jeunes*, faculté qui, hélas! pense M. Judd, ne nous a pas été donnée. Et lorsque des cristaux vieillis et profondément altérés recommencent à croître, les parties nouvellement formées ne présentent aucune des marques de la *sénilité*.

Les cristaux sont donc susceptibles de rajeunissement. C'est là un fait très remarquable sur lequel j'insiste, car ce rajeunissement, cette renovation n'est autre chose que le triomphe de ce pouvoir d'amorce dont j'ai fait un des caractères les plus saillants de la matière vivante. Les cristaux sont donc aussi des organismes vivants.

Mais est-il vrai que le pouvoir qu'ils possèdent de redevenir jeunes nous a été refusé? Nous verrons plus tard que ce serait se tromper que de l'affirmer. L'être vivant, le protoplasme est éminemment capable d'être rajeuni. Si la totalité de notre corps n'est pas susceptible de rajeunissement, il n'en est pas moins certain qu'une portion de notre être possède au plus haut degré cette faculté. C'est, en effet, le cas des cellules propagatrices ou reproductrices. Mais c'est rétrécir la question que de la circonscrire à l'homme et aux animaux métazoaires ; et il est plus rationnel de dire que la cellule primitive, la cellule non différenciée en tissus spéciaux, qu'elle se trouve isolée comme chez les êtres monocellulaires, ou unie à d'autres cellules différenciées comme chez les métazoaires, la cellule primitive, dis-je, est susceptible de rajeunissement, ainsi que j'aurai l'occasion de l'établir dans la partie de cet essai qui traitera de la mort. Nous verrons, en effet, que l'être renouvelé, rajeuni chez les végétaux comme chez les animaux, ne présente pas plus que chez les cristaux les traces de la sénilité.

Les matières explosibles peuvent nous fournir un autre exemple où le mécanisme de l'amorce revêt un caractère particulier qui se manifeste dans des conditions spéciales.

On sait que les matières explosibles doivent leur propriété à ce que, sous l'influence d'un agent provocateur, soit la lumière, soit la chaleur, soit un choc, etc., il se produit en elles des réactions chimiques extrêmement rapides qui donnent presque instantanément naissance à un dégagement gazeux énorme, et d'autant plus puissant comme force motrice, que ces gaz sont portés à une haute température et par suite à une tension considérable. La production et l'expansion brusque d'une masse énorme de gaz à une haute tension détermine des effets mécaniques violents accompagnés de bruit qui constituent l'explosion, ou la détonation quand elle atteint son degré maximum de vitesse et d'énergie. Or il arrive assez fréquemment, pour les explosifs qui sont sensibles à l'action d'un choc, que la détonation d'une portion d'explosif provoque l'explosion d'une autre portion d'explosif située *à une certaine distance*. C'est là ce qui rend si dangereux le maniement de ces substances en transformant une explosion limitée en explosion générale et très étendue.

On peut bien dire que dans ces cas une première explosion circonscrite a servi d'amorce à une série d'explosions partielles dont la somme constitue l'explosion générale.

Comme le dit M. Berthelot (1) dans ses belles études sur les explosifs : « une cartouche de dynamite, provoquée à détoner au moyen d'une amorce de fulminate, fait détoner les cartouches voisines, non seulement au contact et par choc direct, mais même à distance. On peut faire détoner ainsi un nombre indéfini de cartouches, disposées suivant une ligne droite, ou suivant une courbe régulière. »

M. Abel d'abord, MM. Champion et Pellet ensuite, ont donné de ces explosions par influence une théorie connue sous le nom de théorie des *vibrations synchrones*. C'est-à-dire que d'après le savant anglais, la cause déterminante de la détonation d'un corps explosif réside dans le synchronisme entre les vibrations produites par le corps qui provoque la détonation et celles que produirait en détonant le premier corps : précisément comme une corde de violon résonne à distance à l'unissson avec une autre corde semblable mise en vibration.

Pour Abel les détonateurs semblent spéciaux pour chaque matière explosive. Par exemple l'iodure d'azote, si impressionnable au choc et à la friction, ne paraît pas pouvoir faire détoner le coton-poudre comprimé. La nitro-glycérine ne produit pas la détonation du coton-poudre en feuilles sur lesquelles on pose l'enveloppe qui la contient. Au contraire, le coton-poudre comprimé peut faire détoner à 0^m, 02 de distance la nitro-glycérine renfermée dans une enveloppe de tôle mince. Une amorce formée avec un mélange de cyano-ferrure de potassium et de chlorate de potasse ne fait pas détoner non plus le coton-poudre. Enfin, l'amorce constituée par un mélange de fulminate de mer-

____

(1) Berthelot. Sur la force des matières explosibles d'après la thermochimie, 1883, 1, p. 149.

cure et de chlorate de potasse doit être prise sous un poids bien plus considérable que si elle était formée par du fulminate pur, d'après Trauzl. Cependant la chaleur dégagée sous l'unité de poids est supérieure d'un cinquième avec le premier mélange.

Si la théorie des vibrations synchrones était établie, elle fournirait un exemple intéressant dans lequel l'influence de l'amorce revêtirait un caractère assez spécial et emprunté au caractère même de la vibration. Mais il convient d'ajouter que les expériences et les vues de M. Berthelot, sans trancher la question d'une manière absolue, lui sont plutôt contraires que favorables, et tendraient à établir que les détonations par influence sont fonctions de l'intensité de l'action mécanique, plutôt que du caractère même de la vibration déterminante. Une explosion se produirait par influence quand l'action mécanique d'une première explosion aurait une intensité suffisante, et non telle ou telle forme, tel ou tel caractère particulier.

Mais il y a dans les faits d'explosion considérés au sein même de la matière qui détone des phénomènes qui me paraissent d'un réel intérêt au point de vue des considérations que nous exposons ici :

Les recherches de M. Berthelot sur les explosifs (1) ont en effet confirmé l'existence d'un nouveau genre de mouvement ondulatoire, d'ordre mixte, c'est-à-dire produit en vertu d'une certaine concordance des impulsions physiques et des impulsions chimiques, au sein d'une matière qui se transforme. Ce qui caractérise cet ordre de phénomènes, c'est la production d'une *onde explosive*, c'est-à-dire d'une certaine surface régulière, où se développe la transformation et qui réalise un même état de combinaison de température, de pression, etc.. Cette surface une fois produite se propage ensuite de couche en couche dans la masse toute entière par suite de la transmission des

(1) Berthelot. Loc. cit. I, p. 133, 134, etc.

chocs successifs des molécules gazeuses, amenées à un état vibratoire plus intense en raison de la chaleur dégagée dans leur combinaison et transformée sur place ou, plus exactement, avec un faible déplacement relatif.

C'est le changement de constitution chimique qui se propage dans l'onde explosive et qui communique au système en mouvement une force vive énorme et un excès de pression considérable. L'onde explosive se propage uniformément, et sa vitesse dépend essentiellement de la nature du mélange explosif.

Ce qui distingue l'onde explosive des vibrations sonores proprement dites, c'est son extrême intensité, c'est-à-dire la grandeur de la force vive qu'elle transmet. C'est ainsi que l'onde explosive se propage dans la matière qui détone, non par suite d'un choc unique dont la force vive s'affaiblirait au fur et à mesure de la propagation, mais par suite d'une série de chocs semblables, incessamment reproduits et qui régénèrent à mesure la force vive sur le trajet de l'onde.

Sans presser plus qu'il ne convient la *comparaison*, il me semble qu'on peut rapprocher les phénomènes de l'onde explosive de ceux qui président à la continuité de formation du protoplasme vivant. Mais tandis que nous tenons dans nos mains les détonateurs capables de produire le début de l'onde explosive dans nos matières explosibles ordinaires, nous ne connaissons pas au contraire le détonateur dont l'action s'est manifestée à l'origine de la vie, provoquant pour la première fois le mouvement formateur du protoplasme. Ce détonateur puissant et spécial, ce détonateur synchrone dirais-je, auteur premier de ce mouvement ondulatoire, de cette onde explosive incessamment propagée jusqu'à nous, paraît s'être, depuis lors, ou anéanti ou éclipsé, mais non sans laisser après lui une série de vibrations intenses qui, transmettant à la matière brute une force vive toujours régénérée, ont produit dans son sein l'épanouissement de la vie. Ainsi la matière vivante est devenue l'amorce spéciale et nécessaire de la matière vivante.

Les quelques exemples que je viens de citer nous montrent dans le monde minéral et dans la matière non vivante, l'existence et l'action du pouvoir d'amorce. Il n'est ni aussi puissant, ni aussi complet, ni aussi général, ni aussi nécessaire qu'il l'est dans ce qui constitue peut-être la partie fondamentale de la nutrition du protoplasme. Mais il me semble qu'on peut y voir tout au moins le rudiment de cette force d'impulsion, de cette capacité de provoquer la formation du semblable qui est si remarquable dans la matière qui sert de substratum par excellence aux phénomènes vitaux, c'est-à-dire le protoplasme.

On peut dire, il est vrai, qu'il y a cette différence très notable entre les deux cas que pour le protoplasme le rôle d'amorce est nécessaire et qu'une parcelle quelconque de protoplasme ne saurait prendre naissance sans la présence d'un *germe* de protoplasme, tandis que dans la matière morte, l'amorce augmente sans doute dans des proportions considérables l'activité des phénomènes, et peut même en provoquer le début, mais l'action eût pu avoir lieu sans amorce, quoique parfois avec plus de difficulté et de lenteur.

Mais ce n'est pas là, nous semble-t-il, une différence capitale et absolue.

Pour ce qui regarde les corps bruts, le rôle d'amorce peut, dans certains cas, acquérir un caractère particulier de nécessité. C'est ainsi que, comme nous l'avons vu, le soufre prismatique ou l'hyposulfite de soude en aiguilles ne sauraient peut-être se transformer en soufre octaèdrique, et en hyposulfite à prismes gros et courts que sous l'influence d'une amorce ; c'est ainsi encore que le dédoublement du galactose ne saurait commencer sans la présence d'une amorce de glucose.

Mais, d'un autre côté, dans les phénomènes de la vie l'intervention de l'amorce nécessaire pour certains composés ou groupes de composés, le protoplasme par exemple, ne l'est certes pas pour tous, et notamment pour ceux qui résultent des modifications du protoplasme, pour ses produits directs ou indirects. Les produits excrémentiels de la vie, ceux qui résultent de la désassimilation et de la destruction des tissus, les déchets proprement dits, ne paraissent pas aptes à jouer le rôle d'amorce.

Peut-être l'excrétion, le rejet des produits désassimilés de la vie trouvent-ils un commencement d'explication dans cette condition qu'ils ne jouent pas le rôle d'amorce. On peut concevoir en effet que ces produits soient incapables de lutter contre l'énergie de ce qui se reforme sans cesse auprès d'eux sous l'influence d'une énergie puissante d'amorçage, et qu'ils soient ainsi chassés du sein de la matière vivante où ils ont pris naissance. Ils sont simplement en effet le produit des affinités chimiques et résultent dans leur ensemble le plus général d'oxydations, tandis que le protoplasme ou le composé amorçable, qui se reproduit sans cesse au contact de l'amorce, se groupe naturellement autour de cette dernière, et tend à expulser ce qui en est indépendant. Je suis loin de donner cette théorie de l'excrétion comme complète et irréprochable, mais peut-être y a-t-il une partie de la vérité.

Mais ne pouvons-nous pas porter la question sur un terrain plus général, et nous demander si cette nécessité de l'amorce que nous constatons comme caractère actuel de la nutrition et de la production de l'être vivant, a été de tout temps une condition inséparable de la vie. Il convient de regarder cette question avec décision et avec une entière indépendance. Admettons qu'il n'y a nulle part sur notre globe un lieu où se trouvent réunies les conditions qui permettent ou provoquent le passage de la matière morte à l'état de matière vivante en dehors de toute intervention d'un être vivant. C'est là certes une extension aussi large et aussi complète que possible des droits de l'expérimentation des laboratoires. Celle-ci a démontré que dans tous les cas où on avait cru à l'absence de germes, ces derniers existaient, et que là où ils n'existaient pas, la vie ne faisait pas son apparition.

Les partisans de la génération spontanée, ou de l'hétérogénie n'ont apporté aucune preuve valable en faveur de leurs vues ; et jusqu'à ce que ce fait se soit produit, tout savant consciencieux doit admettre que dans les conditions actuelles de notre globe, la vie résulte toujours d'un germe, c'est-à-dire d'une amorce.

Mais j'ajoute que tout savant consciencieux ne peut et ne doit aller au delà. Or ce serait aller au-delà que de prétendre qu'il n'y a pas eu un moment dans la vie soit de notre planète soit d'une autre partie de notre système planétaire, où se soit présenté un ensemble de conditions favorables à la production de la vie, c'est-à-dire au passage de la matière brute à l'état de matière vivante, à la production de ces composés instables, complexes, capables de se réparer, qui sont le substratum de la vie. Ce serait aller encore au-delà que de prétendre que cette phase passée pour notre globe n'est pas actuellement en pleine activité dans d'autres mondes. Qui pourrait affirmer d'ailleurs qu'il ne peut exister dans les phases successives de la vie des astres, un moment où les conditions de chaleur, de pression, d'humidité, d'électricité, etc., puissent être telles que les éléments chimiques soient appelés à des groupements plus complexes, plus instables, plus actifs, et où par conséquent puissent naître ces composés vivants, qui resteront plus tard comme germes ou amorces nécessaires, lorsque les conditions du milieu s'étant modifiées, les composés vivants ne pourront plus se constituer sans

leur intervention ? Je crois certes que nul ne saurait
affirmer que telle n'a pas été l'histoire du passé ; et j'ajoute
que ma conviction est d'autant plus ferme et plus rationnelle que, ainsi que ces pages sont appelées à le mettre en
évidence, la matière morte et la matière vivante ne sont
point deux choses absolument différentes, mais représentent deux formes de la même matière, ne différant que par
des degrés, parfois même par des nuances, etc, si bien
qu'on n'a pas en réalité le droit de parler de matière
morte et de matière vivante, et qu'une distinction seule
est légitime, celle d'une matière à vie lente et sourde
d'une part et celle d'une matière à vie plus rapide et plus
éclatante d'autre part.

Que gagne-t-on d'ailleurs à s'élever contre une conception si naturelle et si logiquement scientifique de l'apparition de la vie sur notre globe ? Quel peut être le mobile
légitime d'une telle opposition ? On aurait mauvaise grâce
à le nier : la vraie cause d'une répugnance si tenace et si
chatouilleuse, c'est la pensée qu'une semblable conception
est la condamnation de l'esprit, et la négation du rôle et
de la réalité d'un Créateur. Or, il n'est à mon avis rien de
moins justifié qu'une semblable pensée. Elle ne saurait
être le fruit que de préjugés sur la substance de l'univers
et de conceptions mesquines sur les relations possibles
entre la création et le Créateur. On conçoit à peine qu'une
telle pensée puisse trouver quelque crédit chez ceux qui
ont pris la peine d'y réfléchir sérieusement. Il n'est en
effet permis en aucune manière de faire sortir la négation
de l'esprit et de Dieu d'une conception qui fait provenir
la matière vivante d'une certaine modification de la matière dite morte. De quel droit, en effet, affirmerait-on que
cette modification n'est pas l'œuvre du Créateur, ou l'effet
de la marche que sa volonté a imprimée à l'évolution de
l'Univers ? De quel droit encore nierait-on la réalité de
l'esprit en s'appuyant sur une doctrine à qui il est permis

de voir la vie et l'esprit soit à l'état rudimentaire, soit en puissance dans toute partie de la création ? Je me borne pour le moment à poser ces questions rapides. Je prie les hommes indépendants et sincères d'y chercher consciencieusement une réponse ; et je ne doute pas que le nombre de ceux qui répugnent à cette transformation, il est vrai plus probable que prouvée, sera réduit aux obstinés et aux aveugles volontaires.

CHAPITRE IV

Il est une objection que l'on ne manquera pas de faire au rapprochement plus ou moins étroit que je viens d'établir entre les phénomènes de nutrition et les phénomènes d'amorce, tels qu'on les observe dans la matière morte. Cette objection repose sur une distinction que l'on a souvent formulée entre le mode d'accroissement des êtres vivants et celui de la matière morte ou des corps bruts. Les premiers, dit-on, s'accroissent par *intussusception*, les seconds par *juxtaposition*. Expliquons d'abord ce que l'on entend précisément par là, et voyons ensuite si cette différence n'est pas plus spécieuse que rationnelle et réelle.

En formulant, à propos de la nutrition, cette opposition entre le mode d'accroissement de la matière vivante et de la matière morte, on veut dire, je pense, que la première s'accroit par l'acquisition de substance qui pénètre dans la substance première, ou dans l'intimité des éléments anatomiques, tandis que l'accroissement de la matière morte est simplement dû au dépôt, à sa surface, d'une nouvelle quantité de matière, sous forme de couche distincte et mesurable. Dans une cellule qui croît, la substance nouvelle vient s'ajouter à l'ancienne, sans doute, mais en s'infiltrant dans l'intimité de celle-ci de telle sorte qu'on ne saurait la distinguer. Dans un cristal qui grossit, l'accroissement résulte d'un dépôt, à sa surface, de couches successives distinctes qui recouvrent simplement le cristal primitif.

Voilà une distinction qui, au premier abord, a toute l'apparence d'être fondée. Mais elle ne l'est pas ; et il suffit

pour la renverser de choisir convenablement les éléments à
comparer. Si au lieu de prendre pour point de comparaison
la cellule, nous prenons au contraire les parties élémentaires, les particules du protoplasma, les granulations, il
faudra bien convenir qu'il est infiniment probable que
les particules de nouvelle formation, les molécules nouvelles se déposent à la surface ou au voisinage des particules déjà existantes, et que l'albumine jeune et fraîche-
ment formée, par exemple, ne se confond pas entièrement
avec celle qui est sur le point d'être démolie. Il y aura donc
superposition, juxtaposition, au même titre qu'il y aurait
intussusception, dans le cas ou une géode de cristaux plus
ou moins séparés par des lacunes, verrait ces lacunes com-
blées par de nouveaux dépôts de la substance cristallisable.

Quand on établit de pareilles distinctions, on oublie
trop que la matière vivante est, dans l'immense majorité
des cas, ou liquide, ou demi-liquide, et dans tous les cas
très poreuse, ou perméable, tandis que la matière morte,
quand elle est sous forme de corps solides, de cristaux, par exemple, ne se présente certes pas dans les
mêmes conditions. Mais considérons la matière morte à
l'état liquide, ou bien plaçons-nous, par exemple, en présence d'un liquide composé de deux corps liquides ou dissous, tels que l'acide azotique et la potasse, et capables de
se combiner pour former un troisième corps liquide ou
soluble lui-même, l'azotate de potasse. Supposons que ce
troisième corps, résultant de la combinaison des deux
premiers, se forme successivement au sein du liquide et y
reste dissous, comme c'est le cas pour l'exemple présent.
Quel nom faudra-t-il donner à ce mode d'accroissement?
Ne faudra-t-il pas l'appeler une *intussusception*, puisque
la partie nouvellement formée ne se superposera pas
simplement à la première, mais se mêlera à elle, péné-
trera plus ou moins dans l'intervalle de ses molécules et
se fondra plus ou moins avec elles.

Mais, d'autre part, quand on examine dans la nutrition des corps vivants les phénomènes qui ont trait à l'accroissement des parties solides, ou de certaines parties liquides que *leur nature ou leurs colorations rendent* distinctes, on s'aperçoit que c'est bien par superposition, par juxtaposition que se fait l'accroissement. Il me suffira de rappeler le mode d'accroissement des os et des os longs en particulier, accroissement qui consiste en dépôts successifs, en couches que l'œil distingue facilement et qui se superposent de dedans en dehors, la couche la plus récente recouvrant celle qui a été formée avant elle. Je citerai également les dépôts de substances grasses dans les cellules, dépôts qui débutent par la formation de gouttelettes très fines, s'ajoutant successivement et se confondant pour constituer des gouttes plus volumineuses. Il y a là juxtaposition et addition de parties d'abord séparées, mais qui se sont réunies. On le voit donc, la distinction établie entre le mode d'accroissement du tissus vivant et de la substance morte ne repose sur rien de sérieux et de fondamental. C'est une simple apparence qui s'évanouit lorsqu'on compare entre elles des parties vraiment comparables.

Il n'est pas, en effet, légitime de comparer sous ce rapport spécial le cristal qui est un groupement homogène de molécules, avec la cellule, organisme complexe et très hétérogène. Il faut comparer l'homogène avec l'homogène, le cristal avec une molécule de protoplasma, avec une gouttelette de graisse, avec une granulation homogène ; et alors, dans un cas comme dans l'autre, l'acquisition de nouvelle matière est, en réalité et au fond, le fait d'une juxtaposition et non une véritable intussusception.

Ajoutons enfin que l'accroissement peut même, dans la matière vivante, se faire parfois par simple apposition de corps cellulaires, car c'est bien ainsi que se forme le plasmode des champignons *myxomycètes*.

CHAPITRE V.

Appréciation générale du rôle de l'amorce observé comparativement dans la matière morte et dans la matière vivante. L'instabilité de la matière vivante. Y a-t-il des amorces de dislocation dans la matière vivante ? L'instabilité ne constitue qu'une différence de degré entre la matière morte et la matière vivante.

Si je ne me trompe il est possible de déduire des observations et des remarques qui précèdent, que la matière vivante proprement dite, celle qui est proprement et précisément le lieu et le point de départ des phénomènes vitaux, le protoplasme, présente comme un de ces caractères les plus frappants d'être un composé *éminemment* capable de jouer le rôle d'amorce, et ne pouvant *actuellement* se reproduire qu'en présence d'une amorce (le germe). Ce sont là deux conditions qui se complètent et dont la seconde commande, pour ainsi dire, la première. Puisque le germe amorce est nécessaire, il faut que la puissance de cette amorce soit considérable et capable de suffire au développement et à la nutrition.

Je ne prétends pas qu'il n'y ait pas d'autres conditions qui fassent qu'une matière est vivante ; mais cette capacité d'amorçage me paraît un des caractères saillants de la matière vivante, celle qui préside à la construction, à la synthèse ; et je crois logique d'annoncer que l'intensité de la vie, l'énergie vitale est, toutes choses égales d'ailleurs, proportionnée à l'intensité de ce pouvoir *d'amorçage*. La substance la plus vivante, celle qui est le siège de la plus grande activité, est aussi celle qui joue au plus haut degré le rôle d'amorce.

Les tissus qui possèdent une vie moins intense, moins active, possèdent probablement une capacité d'amorçage plus faible ; et les produits excrémentiels en paraissent dépourvus, ou dans tous les cas très faiblement pourvus. Tel me paraît être le résumé des considérations qui précèdent.

Si maintenant nous revenons à la matière morte, à celle qui n'a pas appartenu à la vie, ou qui a cessé de lui appartenir, nous voyons le rôle d'amorce restreint le plus souvent à des impulsions moléculaires destinées à déterminer la forme. La puissance de l'amorce appliquée au rapprochement et à la combinaison des éléments chimiques, semble s'y manifester plus rarement et d'une manière moins éclatante. Néanmoins le rôle de l'amorce peut parfois s'élever dans la matière minérale, jusqu'aux actions chimiques d'une complexité notable ; et il y a ceci de remarquable, que ce dernier phénomène paraît se manifester surtout dans les formes supérieures de la matière minérale, c'est-à-dire dans les formes cristallines, qui peuvent être regardées comme occupant une situation intermédiaire entre la matière amorphe et la matière vivante. C'est ce que peuvent contribuer à établir les faits si remarquables de réparation et de *rajeunissement* des cristaux, dont il a été question dans le troisième chapitre.

Mais il suffit d'ailleurs que le rôle d'amorce soit constaté à des degrés divers, dans les phénomènes qui appartiennent à la matière morte, pour que nous soyons autorisés à y voir un rudiment, une *aurore* de cette puissance qui atteint son point culminant dans le protoplasme vivant. Il y a donc dans la matière morte des phénomènes qui rappellent de loin, il est vrai, mais avec fidélité cependant, les phénomènes de nutrition, c'est-à-dire la production, sous l'influence d'une amorce ou d'un germe, d'une constitution moléculaire, d'une forme, d'une cohésion , d'une combinaison même qui reproduisent fidèlement les qualités de l'amorce ou du germe.

Ce n'est certainement pas la nutrition telle qu'on

l'observe chez les animaux supérieurs, avec ses échanges
et ses dédoublements, ses constructions et ses destructions
rapides et multipliées, mais un essai de nutrition rudimentaire, une tendance vers les procédés ordinaires de
la nutrition, une aspiration timide et imparfaite vers
l'*assimilation*.

Pour compléter cette comparaison entre le rôle de la
matière vivante et celui de la matière morte dans la nutrition, il convient d'ajouter que l'un des caractères de la
matière vivante c'est sa grande instabilité.

Si les combinaisons qui représentent le protoplasme se
forment d'une matière continue sous l'impulsion de
l'énergie de l'amorce, elles se démolissent et se disloquent
facilement et d'une manière continue. C'est là une condition *sine qua non* de l'activité des échanges sans laquelle
il n'y a pas de vie.

On pourrait se demander si le pouvoir d'amorce ne
joue pas aussi un rôle dans la formation de ces produits
de dislocation et de destruction de l'édifice protoplasmique, et s'il n'y a pas des amorces de dislocation à côté
de l'amorce de synthèse qui contribue à la formation
incessante du protoplasme. Il n'est pas à priori impossible
que le pouvoir d'amorce joue un rôle dans la formation
des produits d'oxydation et de dislocation, mais ce rôle
ne paraît ici ni nécessaire, ni très important.

L'apparition de certains produits du protoplasme au
sein des éléments vivants, alors qu'ils n'y étaient pas
précédemment représentés, suffit à établir que le rôle des
amorces de dislocation n'est pas indispensable, et que la
dislocation peut se produire sans eux. L'action incessante
de l'oxygène sur le protoplasme et les éléments des tissus,
et le rôle joué par ses affinités pour le carbone et l'hydrogène en particulier, rendent déjà un compte satis-
faisant des phénomènes de combustion et de dislocation.

Les forces chimiques ordinaires paraissent y suffire.
L'amorce pourrait cependant jouer parfois un rôle dans la
dislocation, rôle effacé et contingent à côté du rôle puissant et nécessaire de l'amorce de synthèse protoplasmique.

Sur le terrain de l'instabilité et des dislocations chimiques de la matière, plus encore que sur le terrain de
de la synthèse et de l'amorce, la distance qui sépare les
deux états de la matière est loin de se présenter comme
infranchissable. Ici la démonstration est certes plus aisée,
et il nous sera permis d'être bref. Nous avons vu, en
effet, le minéral, la matière morte se décomposer, se
désagréger, se disloquer sous l'influence des agents du
milieu extérieur; la matière morte a donc un caractère
relatif d'instabilité. Il n'y a entre la matière vivante et la
matière morte, pour ainsi dire, qu'une question de degré,
la première étant d'une grande instabilité et la seconde
d'une instabilité réelle, mais généralement moins prononcée et variable selon les cas. Ajoutons encore que, soit
dans les produits de la vie, mais encore vivants, soit dans
la matière minérale, il est possible de rencontrer des
degrés très variés d'instabilité. La cellulose est plus
stable que la fécule, l'acide carbonique est très stable,
mais le chlorure et l'iodure d'azote sont très instables.

Il semble donc que si la distance est grande entre la
matière morte et la matière vivante, elle ne paraît pourtant pas infranchissable, car même sur le terrain de la
nutrition, qui semble séparer si radicalement ces états de
la matière, il existe des jalons et des points de repère qui
permettent de retrouver la route parfois masquée ou
tortueuse, qui conduit de l'un à l'autre.

CHAPITRE VI

La matière vivante peut présenter parfois les caractères de la matière morte.
Animaux hibernants. Êtres reviviscents. Y a-t-il reviviscence ou résurrection?
Des conditions de la reviviscence.

Mais si l'unification des deux états de la matière que
nous comparons est appuyée par la rencontre dans la
matière morte de phénomènes qui paraissent être caractéristiques de la vie, il me semble que le rapprochement sera
confirmé d'une manière très heureuse par la rencontre,
dans la matière vivante, de phénomènes qui sont considérés comme caractéristiques de la mort. Or, ces phénomènes existent, et je vais m'appliquer à les mettre en
lumière.

Si la vie se caractérisait par l'irritabilité, le mouvement
et surtout par l'activité des échanges avec le milieu qui
constituent la nutrition, la mort devrait être caractérisée
par l'insensibilité, l'immobilité et l'absence des échanges
nutritifs.

Mais nous avons vu que ce caractère attribué à la matière
prétendue morte, n'était pas absolument vrai, et que la
matière morte avait aussi ses manifestations spéciales
d'irritabilité, ses mouvements propres, et présentait des
phénomènes d'amorce rappelant les phénomènes d'amorce
rapides et complexes, qui jouent un rôle si important dans
la nutrition du protoplasme.

Voyons si la matière vivante n'est pas susceptible, sans
cesser d'être vivante, de présenter un abaissement progressif des manifestations de la vie, qui les ramène au
niveau des manifestations atténuées de la matière morte?

Un premier degré de ce retour de la matière vivante
vers la vie lente et sourde, se trouve chez tous les animaux

3

dont la température a été suffisamment abaissée par un moyen quelconque. La sensibilité, la motilité ont décru, la respiration pulmonaire est devenue très faible. et les échanges nutritifs se sont ralentis. Le protoplasme voit son pouvoir et son rôle d'amorce plus ou moins diminués.

Cet état s'observe chez les animaux à sang chaud aussi bien que chez les animaux à sang froid. Chez les Reptiles, les Amphibiens, les Poissons que l'on maintient à une basse température, le mouvement nutritif s'abaisse considérablement.

Mais il est certains animaux à sang chaud chez lesquels ces phénomènes sont d'autant plus remarquables qu'ils atteignent un degré très élevé et tout exceptionnel dans ce groupe. Ce sont les animaux *hibernants*.

Chez les mammifères hibernants, quoique animaux à sang chaud, le corps se refroidit facilement ; et ils supportent sans inconvénient un abaissement de la température du corps de 30°, qui tuerait la plupart des animaux à sang chaud. Cet abaissement produit chez eux, non la mort, mais seulement un état de torpeur, de léthargie. Ils passent ainsi l'hiver, plongés dans un sommeil profond. Tels sont les chauve-souris, le hérisson, la marmotte des Alpes, le loir, le muscadin, le hamster, l'écureuil, le porc-épic, l'ours brun, le blaireau. Cet engourdissement hibernal n'est point le résultat d'un retour périodique des saisons ; mais il est vraiment et uniquement causé par l'abaissement de la température, puisqu'il se reproduit en toutes saisons, pourvu que le milieu et l'animal soient suffisamment refroidis.

On sait que Pallas a endormi des marmottes en les plaçant dans une glacière pendant l'été. Le retour à la température chaude du dehors réveillait l'animal, qui s'endormait par le retour du froid. Saissey a refait ces expériences sur le hérisson et le loir avec les mêmes résultats.

Quelques oiseaux sont aussi hibernants ; mais les cas sont rares et offrent moins de constance et moins d'intensité que chez les mammifères. Les oiseaux émigrent généralement vers des climats plus doux à l'approche de l'hiver. Mais on sait par exemple que quelques hirondelles restent parfois blotties et à l'état de torpeur dans des retraites des pays à hivers froids.

Parmi les reptiles, dans nos régions, les lézards, les serpents, passent l'hiver blottis dans des retraites profondes, et à l'état d'engourdissement complet. Les tortues terrestres le font également. Enfin, parmi les amphibiens, tous nos batraciens hibernent, cachés dans des trous plus ou moins profonds, si bien que la crédulité populaire leur attribue le pouvoir de vivre pendant de longues années enfermés dans des pierres.

Il y a d'ailleurs des animaux invertébrés tels qu'insectes, mollusques, qui passent l'hiver dans l'inactivité la plus complète, et chez lesquels toutes les fonctions paraissent suspendues, ou sont du moins très ralenties.

Les êtres inférieurs protozaires ou protophytes monocellulaires sont susceptibles de présenter le phénomène si curieux et si intéressant de l'enkystement qui s'accompagne d'un ralentissement et d'un abaissement très considérables des fonctions dites vitales. Un amibe, un infusoire dont la vie est menacée par des conditions climatériques rigoureuses, par la disparition de l'eau qui constitue son milieu normal, cesse de se mouvoir, s'arrête complètement, se contracte, prend la forme sphérique et se recouvre d'une membrane ou kyste destiné à le protéger. Dans ces conditions, toute alimention est supprimée, toute excrétion probablement aussi ; tout mouvement a disparu, et l'être devenu inerte, en apparence du moins, peut rester longtemps en cet état, et attendre que des circonstances plus heureuses lui permettent de se débarrasser de l'enveloppe et de reprendre la vie active comme précédemment. Il y a là évidemment un abaissement des fonctions vitales qui ramène l'être vivant à un état voisin de la vie sourde et lente de la matière inanimée.

Mais là où la vie paraît avoir réellement atteint un degré de ralentissement ou d'abaissement qui semble ne le céder en rien à ce que l'on observe dans la matière morte, c'est le groupe des êtres dits *reviviscents*.

Ce groupe comprend des végétaux et des animaux. Il convient que je m'y arrête afin de justifier les conséquences que je compte tirer de ces faits.

On savait que certains végétaux inférieurs, tels que mousses, lichens, diatomées, etc., lorsqu'ils sont desséchés, perdent toute apparence de vie, ont tout à fait l'aspect de végétaux morts, et reviennent à la vie quand ils ont été humectés. Le fait n'avait pas paru aussi étonnant qu'il l'est en réalité, parce que les manifestations de la vie chez ces êtres sont relativement peu éclatantes, et qu'on était moins surpris d'un abaissement complet de ces manifestations.

Mais en 1701, Leeuwenhoek remarqua que de petits animaux qui vivent dans la mousse, sur les toits, dans les gouttières, pouvaient être desséchés, rester ainsi cinq mois sans présenter la moindre trace de vie et reprendre ensuite leurs mouvements, leurs fonctions digestives, circulatoires, etc., quand on les avait humectés.

En 1743, Needham fit les mêmes observations sur les anguillules du blé niellé.

Ces phénomènes ayant pour siège des animaux d'une organisation assez élevée, et chez lesquels la vie animale se manifestait hautement, étonnèrent et déroutèrent les naturalistes de l'époque. Si bien que Buffon nia l'animalité et même la vitalité de ces petits êtres : « Ces êtres seront, « dit-il, si l'on veut, des espèces de machines qui se « mettent en mouvement dès qu'elles sont plongées dans « un fluide. »

Spallanzani entreprit en 1776 une série d'expériences sur ce qu'il appela *la mort et la résurrection alternatives des Rotifères*. Il constata que par la dessiccation tout signe de vie disparaissait, que ces animaux se déformaient et ressemblaient à des *cadavres momifiés*, mais qu'ils revenaient ensuite à la vie par l'humectation.

Il vit aussi que les rotifères des toits une fois desséchés peuvent rester ainsi un temps bien supérieur à la durée de leur existence ordinaire ; et que dans cet état ils résistent à des causes de destruction qui dans les circonstances ordinaires déterminent infailliblement la mort.

Il les vit ressusciter après *trois* ans passés à l'état de poussière sèche et inerte. Dans cet état, ni le froid le plus intense des hivers les plus rigoureux, ni l'ardeur la plus vive du soleil n'empêchaient la résurrection, bien que les rotifères *non desséchés* fussent *toujours tués* par l'une ou l'autre de ces causes.

Spallanzani observa les mêmes faits chez les tardigrades.

Doyère fit (1840-1842) des recherches intéressantes sur les tardigrades, et montra qu'on pouvait soumettre ces animaux desséchés à des températures supérieures de 100° à 110° et même 120° pendant 2 minutes, sans les tuer.

En 1859, Gavarret refit ces expériences avec les mêmes résultats.

Davaine fit également des observations sur l'anguillule de la nielle du blé ; et observa que les larves de ces petits animaux desséchés sous forme de poussière blanche composée de filaments secs et raides et située dans une cavité du grain de blé, reviennent à la vie après plusieurs mois, lorsque le grain est humecté. Dans ce cas les petits filaments blancs et desséchés, se gonflent et sont le siège de mouvements passifs hygrométriques tenant à l'extension des tissus ; puis ils deviennent immobiles. Enfin se produisent des mouvements spontanés de flexion et d'exten-

sion qui peuvent durer longtemps. Ce sont là des phénomènes qui se manifestent aussi quand le grain est semé
dans la terre humide. Le grain ayant germé, et la tige s'étant
développée, ces larves reviviscentes remontent du sol en
grimpant entre la tige et les feuilles, et s'insinuent entre
les écailles molles de la fleur. Là, elles deviennent adultes
et sexuées, s'accouplent et meurent après avoir pondu des
œufs qui donnent des larves (de 10,000 à 20,000 par
excroissance du grain de blé). Celles-ci se dessèchent en
été, restent en cet état deux ou trois mois et peuvent revenir à la vie, quand le grain est livré à la terre humide ; et
le cycle recommence. Il importe de noter que les anguillules adultes ne supportent pas sans mourir la dessiccation ; les larves seules la supportent.

Mais l'expérimentation est venue donner à ces faits une
importance plus grande encore. On a cherché en effet à
voir quelle durée pouvait atteindre cet état de dessèchement et d'inertie, sans compromettre la faculté de reviviscence, et combien de fois pouvait se reproduire pour
un même animal ces alternatives de dessèchement et de
résurrection.

La vie *normale* des rotifères dans l'eau, peut atteindre
quelques semaines. Mais un rotifère desséché peut être
rendu par l'humectation à la vie active après *dix* ans
d'inertie.

On peut en dire autant des tardigrades.

Quant aux anguillules de la nielle dont le cycle vital
ordinaire est de 10 mois, on a pu les revivifier après 4 ans
de dessiccation. Backer a réussi même à le faire après
28 ans !

Quant au nombre des retours successifs à la vie, il est
aussi digne de remarque. Davaine a pu revivifier ainsi
dix fois les anguillules du blé. Spallanzani l'a fait jusqu'à
seize fois, mais en observant que l'intensité de la vie et
de l'activité subissait chaque fois une nouvelle dépres-

sion. Il y avait ceci de remarquable que si les anguillules avaient vécu dans l'humidité, c'est-à-dire d'une vie active pendant un ou deux mois, un très petit nombre d'entre elles étaient capables d'être revivifiées.

En présence de faits aussi remarquables, les naturalistes se sont divisés sur la question de savoir s'il y avait là *mort vraie* et *résurrection*, ou s'il s'agissait seulement d'un *abaissement*, d'une *diminution de la vie*. Spallanzani inclina vers la première solution; Leeuwenhoek fut pour la seconde. Dans le but de résoudre ces questions, des expériences furent instituées. Elles consistèrent surtout à placer les animaux reviviscents desséchés dans des conditions qui paraissaient tout à fait incompatibles avec la vie, par conséquent à les faire mourir réellement, et à voir si après cette épreuve on pourrait encore les rappeler à la vie active.

Spallanzani avait déjà chauffé des rotifères, les avait placés dans le vide et les avait vus revivre.

Doyère (1841-1842) avait placé des tardigrades dans le vide pendant plusieurs jours, ce qui devait produire une dessiccation complète, incompatible avec la vie. Puis il les avait exposés à des températures de 100° à 110°, et même 120° pendant deux minutes. Quelques-uns revinrent à la vie, dès qu'ils furent humectés.

La question semblait donc être tranchée en faveur de l'opinion de Spallanzani, c'est-à-dire en faveur de la mort réelle et de la résurrection possible. Mais Pouchet et Pennetier émirent quelques doutes sur la légitimité de cette conclusion. Les rotifères les plus secs pouvaient bien n'être pas encore entièrement desséchés, et le temps pendant lequel on les avait soumis à la température de 100° était insuffisant. Il fallait non deux minutes, mais une demi-heure pour qu'il y eût certitude de mort.

Un débat sur la matière eut lieu devant la Société de Biologie, et une commission fut nommée, composée de MM. Bialbani, Brown-Séquard, Dareste, Guillemin, Robin et Broca, pour faire des expériences conformément aux indications de M. Pouchet. Broca fut son rapporteur (1860).

Des rotifères furent soumis au vide sec pendant 82 jours consécutifs, pour obtenir une dessiccation complète. En outre on les porta ensuite à une température de 100° pendant une demi-heure. Quelques-uns revinrent à la vie par l'humectation. La commission conclut donc à la mort réelle, et à la résurrection comme Doyère.

Ce n'est cependant pas la conclusion à laquelle je crois qu'il faille rigoureusement s'arrêter. Je crois au contraire que dans l'état actuel de notre milieu, la matière vivante une fois réellement morte, ne peut rentrer dans le mouvement de la vie que par l'intermédiaire d'un être vivant qui la fasse sienne en jouant le rôle d'amorce. Mais ce qu'il me paraît réellement légitime et rationnel de penser, c'est que la matière vivante, tout en conservant son caractère de matière vivante, peut, par un abaissement très considérable de la vie, s'approcher d'une manière très considérable de l'état de matière morte. La dessiccation qui s'oppose à l'activité des échanges nutritifs, qui annule pour la matière vivante la capacité de jouer le rôle d'amorce, et qui réduit les oxydations et les pertes à un taux presque nul, est très propre à ramener la matière vivante à cet état qui rappelle la matière morte. La propriété d'amorçage étant supprimée, la matière vivante se comporte comme la matière morte, jusqu'à ce que l'intervention de l'eau fasse renaître la capacité de l'amorce et rétablisse la distance qui sépare les deux états de la matière. Les fonctions et les échanges sont très abaissés pendant la dessiccation. L'alimentation devient nulle. Le pouvoir d'amorce et le milieu nutritif qui est la condition de son activité sont donc simultanément supprimés. Le faible degré de vie qui reste, n'est manifesté que par des échanges très lents de destruction et de démolition, puisque la réparation est impossible. L'être vivant ne présente que des manifestations vitales analogues à celles que l'on observe ordinairement dans la matière morte : absence de réparation et de reproduction, puisque l'amorçage fait défaut; et en même temps, combustions, oxydations, désagrégations, démolitions extrêmement ralenties et à peine sensibles. Telles sont les conditions de vie que l'on retrouve à la fois chez l'animal reviviscent, et dans un fragment de matière morte ou minérale.

Mais il y a cette différence entre l'animal reviviscent inanimé et l'animal mort réellement, que dans le premier cas subsiste encore une parcelle, un fragment de substance puissamment amorçable; et tant que ce fragment subsistera l'addition de l'eau pourra lui rendre son activité et ramener l'être à la vie. Mais les combustions et les démolitions lentes useront cette parcelle qui ne peut se réparer et se refaire pendant la dessiccation, et alors arrivera réellement la mort complète, celle qui ne peut être suivie de résurrection.

De semblables vues me paraissent donner une explication satisfaisante de tous les faits. L'animal est reviviscent tant qu'il reste dans ses éléments une parcelle de *substance amorce*. Quand les dessiccations et les humectations se succèdent rapidement, l'énergie du réveil s'abaisse toujours, parce que l'usure de la *substance amorce* fait à chaque réveil de nouveaux et rapides progrès. Le retour à l'activité et à la vie cesse, dès que la *matière-amorce* est insuffisante ou nulle.

Peut-on s'empêcher de rapprocher ces faits de ceux que nous ont présentés les cristaux altérés ou décomposés? Ces derniers peuvent en effet se réparer et se rajeunir tant qu'il reste, comme amorce, une parcelle, si petite soit-elle, de la substance normale du cristal. La vie sourde du cristal et celle de l'animal desséché, me paraissent très exactement comparables sous ce rapport si essentiel et si caractéristique.

A cela il faut ajouter la propriété qu'a la matière amorce d'acquérir par la dessiccation une résistance à certaines causes de destruction, qui lui fait défaut quand elle est pénétrée d'humidité. Un animal ne résiste pas dans l'état ordinaire à une température supérieure à 51°. M. Chevreul a démontré que l'albumine humide, qu'une chaleur de 63° coagule et rend insoluble dans l'eau, peut conserver sa solubilité, quand après avoir été lentement desséchée, elle a été exposée pendant une demi-heure à la température de 100°. Duhamel a démontré aussi que du blé *très bien desséché* pouvait supporter une température de 100° sans perdre son pouvoir de germination.

Paul Bert a fait l'expérience suivante que je rapporte presque textuellement (1) :

8 mars 1865 : Deux queues de rats adultes, qui ont été coupées le 25 février, à deux heures, et desséchées sous la cloche pneumatique, en présence de l'acide sulfurique concentré, ont été conservés dans un tube de verre bien bouché et bien sec, du 27 février au 4 mars.

Le 4 mars, elles sont mises dans l'étuve de Gay-Lussac, où la température atteint, au bout de deux heures, 99 degrés et s'y maintient pendant deux heures encore. On les renferme alors dans le même tube bouché qui a été chauffé avec elles, et on les y laisse jusqu'au 8 mars.

Le 8, on les greffe l'une à droite, l'autre à gauche, sous la peau d'un rat adulte. Aucun accident ne survient.

Le 24 mai, mort accidentelle de l'animal; on l'injecte par le cœur. Les queues greffées ont conservé leurs dimensions, et l'injection a pénétré dans les vaisseaux de leur moelle osseuse.

(1) Paul Bert. *Recherches expérim. pour servir à l'histoire de la vitalité propre des tissus animaux.* Thèse de la Fac. des Sc. de Paris, 1866. Exper. LXXXI et LXXXI.

Sur des queues insuffisamment desséchées avant d'être chauffées à 99°, presque toujours la transplantation a été suivie de suppuration et de prompte élimination.

Nous avons vu que des grains de blé secs, soumis à des températures élevées, sont néanmoins capables de germer lorsqu'on les humecte. Mais M. Th. de Saussure a démontré même que des grains ayant déjà commencé de germer, peuvent être desséchés à 70°, et reprendre leur travail de germination lorsqu'on leur donne de l'eau. Il a obtenu ce résultat pour les graines de froment, de seigle, d'orge, maïs, lentille, cresson, chou, chanvre, moutarde, laitue. Il n'a pas réussi pour la fève, le haricot, le pourpier, le pavot. Mais ces graines, qui résistent à l'état sec à des températures de 70°, ne germent plus quand on les a trempées pendant 15 minutes dans de l'eau à 50°, ou dans de la vapeur d'eau à 62°. L'air sec les tue complètement à 75°.

D'autre part, les graines mûres et sèches peuvent supporter impunément de basses températures. Ainsi le blé, l'orge, les fèves soumis pendant 15 minutes à la température de congélation du mercure (40° au-dessous de zéro) ont encore été aptes à germer (Edwards et Colin).

Il est donc évident que l'état de sécheresse de la matière amorce la soustrait, dans une certaine mesure, à l'influence nuisible des hautes et des basses températures. De là, il résulte que certaines graines peuvent être conservées dans un milieu sec pendant des périodes très longues. Des graines de sensitives ont pu germer après 60 ans, des haricots après 100 ans, et du seigle après 140 années. Enfin, sans parler du blé des momies trouvé dans les tombes égyptiennes, et sur lequel la fraude a jeté un juste discrédit, on peut rappeler que le docteur Boisduval a vu germer des graines de *juncus bufonius*, plante des marais de l'ancienne Lutèce, trouvées dans les fondements de vieilles maisons démolies en 1866, et ayant, par conséquent, plusieurs centaines d'années d'existence.

Des faits semblables et ceux que j'ai cités dans le cours de cette revue des êtres reviviscents autorisent certainement à formuler cette proposition que dans certaines conditions déterminées, la matière vivante, sans cesser d'être vivante, prend les caractères de la matière morte par l'extrême ralentissement de ses mouvements vitaux et par l'inertie relative qu'elle manifeste.

La matière vivante devient, dans ce cas, de la matière morte, avec cette différence cependant, que tant qu'une parcelle de matière-amorce subsiste en elle, il y a possibilité de retour à l'activité et à l'intensité de la vie. La faculté de jouer puissamment le rôle d'amorce est donc à la base des conditions qui font la matière vivante et constitue un vrai caractère différentiel entre le vivant et le mort. Mais il convient d'ajouter que ce caractère différentiel est loin d'être absolu, puisque nous avons retrouvé dans la matière minérale et dans les corps bruts des rudiments de cette propriété, rudiments souvent imparfaits, il est vrai, mais parfois aussi, vraiment remarquables et significatifs.

CHAPITRE VII

Pourra-t-on fabriquer de la matière vivante? Des synthèses organiques. La synthèse des produits supérieurs de la vie devient de plus en plus probable et possible. Pourquoi le chimiste ne saurait produire une cellule. La matière vivante produite par le chimiste pourra-t-elle être le point de départ d'une nouvelle évolution ?

S'il est vrai que la matière brute ou morte et la matière vivante ne sont pas séparées par un abîme infranchissable, il semble naturel de penser que les ressources de nos laboratoires, dont la puissance augmente tous les jours, pourront un jour se montrer capables de produire la matière vivante en partant de la matière minérale. C'est là une espérance dont je vais discuter la légitimité, en tenant compte des résultats déjà obtenus, et en appréciant la valeur des objections qu'on lui oppose.

On a longtemps pensé que les matériaux si complexes qui sont la base des êtres vivants (végétaux et animaux) ne pouvaient être reproduits dans les laboratoires avec l'unique concours des forces que met en jeu le chimiste, et qui résident dans la matière morte.

« La force vitale seule, a dit Gerhardt, opère par syn- « thèse, et reconstruit l'édifice abattu par les forces chi- « miques. » « On n'a pas encore réalisé la production « d'un corps dissymétrique à l'aide de composés qui ne « le sont pas, » a dit à son tour Pasteur.

Ces paroles de deux illustres chimistes ont rencontré dans les travaux modernes un démenti qui devient tous les jours plus éclatant.

La chimie est entrée dans la voie des synthèses des composés organiques, et elle vient tout récemment de faire un pas remarquable et de franchir une étape considérée comme infranchissable.

En 1828, Woehler opéra la première synthèse ; il obtenait l'urée en faisant réagir l'ammoniaque sur l'acide cyanique.

En prenant les corps simples comme point de départ, on a pu reproduire les carbures d'hydrogène, l'acide formique ; des carbures on a pu remonter aux alcools et à tous leurs dérivés (1).

On sait que Berthelot a reproduit l'alcool de vin en mettant en présence un corps gazeux, l'éthylène, et l'acide sulfurique ; le produit de cette réaction étant décomposé par l'eau fournit l'alcool.

Wurtz est arrivé par une autre voie à la synthèse de l'alcool. Il soumet l'aldéhide à l'action de l'hydrogène naissant, et par fixation directe de cet hydrogène l'alcool est reproduit. Ainsi que me l'a fait remarquer mon collègue, Œchsner de Coninck, cette synthèse est particulièrement intéressante au point de vue biologique qui me préoccupe spécialement ; car tout tend à prouver que c'est ainsi que l'alcool se produit dans les végétaux. Nous sommes donc en présence d'un cas où les forces du laborataire suivent, pour une fin donnée, la même voie que les forces de l'être vivant.

On sait que bon nombre d'alcaloïdes d'origine végétale ont été obtenus directement par synthèse. Œchsner de Coninck, en appliquant un procédé spécial d'hydrogénation aux alcaloïdes de la série péridique, a indiqué un processus de synthèse des alcaloïdes végétaux volatils. Il a obtenu un alcaloïde présentant la même composition que la cicutine (de la ciguë), en différant seulement par quelques propriétés physiques et chimiques, mais possédant la même action toxicologique que l'alcaloïde de la ciguë.

Ces résultats, et d'autres que je passe sous silence,

(1) P. Schutzenberger. *Chimie appliquée à la physiologie animale,* etc. Paris. Victor Masson, 1864.

étaient de nature à faire naître des espérances ; mais cependant la synthèse des sucres et des substances protéiques de celles qui sont la base même, et la base essentielle du protoplasme paraissait défier les efforts des chimistes.

Pour donner une idée de la manière dont ces résultats étaient appréciés encore hier par les partisans du caractère spécial, absolument irréductible de la vie, je désire citer quelques lignes d'un livre récemment publié par Denys Cochin, sous le titre de *L'évolution et la vie* (1886).

Après avoir reconnu que la chimie moderne est entrée avec Wœhler et Berthelot dans la voie des synthèses, qu'elle a fait la synthèse de l'urée, de l'acide formique, de l'alcool éthylique ; que ces résultats avaient été cependant considérés longtemps comme des contradictions aux lois de la matière minérale, et comme des *impossibilités*, et que par conséquent la science a imité quelques-unes des œuvres de la nature, Denys Cochin ajoute (p. 208) :

« Ce sont là des arguments dont on aurait tort d'exa-
« gérer la portée. Il suffit, pour le montrer, de rappeler à
« grands traits les faits sur lesquels porte la discussion.
« La matière organique prise dans le végétal ou dans
« l'animal, est formée de substances très complexes.
« Les plus complexes, celles que l'on peut regarder
« comme les produits supérieurs de la synthèse opérée
« par la vie, sont les sucres et les albumines. Ces produits
« supérieurs sont soumis pendant la vie à une combustion
« lente ; combustion activée par tout effort et toute
« dépense d'énergie. Les albumines complexes se dé-
« doublent et se transforment en des albumines plus
« simples ; la plus simple de toutes est l'urée, produit de
« sécrétion, déchet de la combustion vitale, et l'urée se
« dédouble elle-même en eau et en carbonate d'ammo-
« niaque. La matière organique a ainsi fait retour au
« monde minéral. Les sucres subissent une série de

« décompositions analogues, et finissent par donner de
« l'acide carbonique et de l'eau....

« Or, les produits dont la chimie a opéré la synthèse,
« sont toujours des produits de combustion, des débris,
« des déchets de l'être vivant, tels que l'alcool, l'urée,
« l'acide formique. *Ce ne sont jamais les albumines à*
« *formule complexe*, ni même les *sucres*, *produits les*
« *plus parfaits de la synthèse vitale.*

« Existe-t-il une limite entre les produits organiques
« supérieurs et les inférieurs? Est-il un caractère qui
« permette de séparer les uns des autres? Ce caractère a
« été déterminé, et *cette limite jusqu'à présent n'a pas*
« *été franchie par les plus habiles chimistes.* Les produits
« organiques supérieurs sont doués d'un étrange pouvoir.
« Dissous dans l'eau et traversés par un rayon de lu-
« mière polarisée, il font tourner d'un certain angle, soit
« à droite, soit à gauche, le plan de polarisation. Il y a
« une relation fort imprévue entre ce pouvoir des corps
« dissous et leur forme cristalline. Il existe des cristaux
« *droits* et des cristaux *gauches*, semblables entre eux
« comme la main droite est semblable à la main gauche,
« mais qui ne peuvent pas davantage être superposés
« l'un à l'autre ; le sens de déviation de la lumière pola-
« risée correspond au sens de la forme cristalline. Il faut
« supposer qu'après la dissolution d'un corps droit ou
« gauche, ses molécules disjointes sont encore dissymé-
« triques. Telles sont les marches disjointes d'un escalier
« en vis ; leur forme fait connaître si l'escalier *tournait* à
« droite ou à gauche.

« Or, tous les corps organiques supérieurs, les albu-
« mines, les sucres, la dextrine, la cellulose, sont ce qu'on
« appelle des corps actifs, doués du pouvoir de dévier
« vers la droite ou vers la gauche le plan de la lumière
« polarisée. Et *jamais, par aucun artifice de laboratoire,*
« *il n'a été possible de préparer directement un corps*

« *droit ou un corps gauche.* Malgré la synthèse de
« l'alcool, de l'urée, de l'acide formique, nous avons le
« droit de le dire encore : *On ne fabrique pas, en dehors*
« *de l'être vivant, de matière organique. On ne contrefait*
« *pas l'œuvre de la vie. On ne saurait provoquer artifi-*
« *ciellement la formation d'une cellule ; on ne peut pas*
« *davantage reproduire les matériaux dont elle est faite.*
« Les corps que l'on a pu reproduire ne sont que les
« déchets de la vie faisant retour à la matière inerte et
« déjà voisins des corps minéraux. »

L'analyse de ces quelques pages se résume en ceci : La
synthèse de *tous* les produits de la vie, sans exception, a
longtemps été considérée comme une contradiction aux
lois de la matière minérale, et comme une *impossibilité.*
Cependant la chimie a opéré la synthèse de certains produits de la vie, l'urée, l'acide formique, l'alcool éthylique,
etc. Un premier échec a donc été infligé à ce défi jeté à
la puissance de la chimie. Mais les auteurs du défi ne se
sont pas déclarés battus ; ils ont simplement reculé et circonscrit le champ de la défaite. Oui, ont-ils dit, nous recon-
naissons que la chimie a pu opérer la synthèse de certains
produits de la vie ; mais ce sont des produits inférieurs,
des débris, des déchets. Mais elle n'a jamais pu préparer
directement les produits supérieurs tels que l'albumine et
les sucres. « On ne contrefait pas l'œuvre de la vie. »

Le lecteur a pu considérer et mesurer le mouvement de
retraite. On peut, avec un peu de bienveillance, le regarder comme s'étant opéré en bon ordre. Mais on peut
aussi, avec une entière impartialité, y voir les premiers
pas d'une marche en arrière qui pourrait finir par une
déroute. Eh bien ! on peut dire aujourd'hui que la déroute
commence à se dessiner. En effet, le pas réputé infranchissable, vient d'être partiellement franchi, et les synthèses qualifiées d'impossibles, viennent d'être en grande
partie réalisées.

La synthèse des termes les plus importants de la série des sucres est aujourd'hui un fait accompli. Les recherches qui ont permis de réaliser cet immense progrès en chimie organique, et qui sont dues à M. Fischer et à ses élèves, ont conduit à une découverte de grande importance. Dans la série des sucres, on rencontre une isomérie optique analogue à celle des acides malique et tartrique. Tantôt les sucres présentent un isomère droit, un isomère gauche et un isomère inactif par compensation, et dédoublage en deux sucres, l'un droit et l'autre gauche. C'est là exactement ce que nous avons vu pour les acides tartriques droit et gauche, dont la réunion constitue l'acide paratartrique inactif par compensation. Il n'est pas inutile d'insister sur ce rapprochement, et de faire remarquer que les réactions qui ont permis d'effectuer la synthèse des principaux sucres sont d'ordre *purement chimique*, et qu'elles démontrent que le chimiste peut reproduire des corps doués du pouvoir rotatoire, en dehors de toute intervention de la vie.

Les sucres reproduits par synthèse, restent les matières protéiques ou albuminoïdes. Or, ici encore, les prophètes de la force vitale se trouvent en défaut.

Déjà Grimaux (1885) avait préparé synthétiquement par l'action de l'oxychlorure de phosphore sur un mélange de leucine et de tyrosine, et traitement ultérieur par AzH^3 une substance amorphe, colloïde, présentant quelques-unes des réactions caractéristiques de l'albumine : précipitation par l'ébullition, réaction xantho-protéique, réaction de Millon, réaction du biuret (soude et sulfate de cuivre) (1). Mais Schützenberger vient de faire un pas très con-considérable dans la voie de la synthèse de ces substances. Une note insérée dans les Comptes-rendus de l'Institut du 26 janvier 1891, expose les résultats d'un essai heureux

(1) Leon Frédericq et Nuol. Eléments de physiologie, 1888, p 21.

de synthèse d'une matière protéique présentant *tous les caractères physiques et chimiques des peptones.*

Une série étendue de recherches sur les termes résultant de la décomposition par hydratation des matières protéiques albuminoïdes ou autres, sous l'influence des alcalis (baryte), ont conduit Schützenberger à tenter la synthèse d'une substance protéique, en partant des termes simples de sa décomposition par hydratation. Après de nombreuses tentatives restées infructueuses, il a réussi à former un composé azoté, qui par ses caractères doit être rangé dans la classe des *matières protéiques*, en combinant avec élimination d'eau les produits ultimes et cristallisables provenant de la décomposition de l'albumine et de la fibrine sous l'influence de la baryte. Après une série d'opérations dont je ne rapporte pas ici le détail, Schützenberger a obtenu un produit amorphe, soluble dans l'eau, précipitable par l'alcool en grumeaux blancs caséeux. Ce corps ainsi obtenu présente de grandes analogies de caractères avec les peptones. Ses caractères physiques, ses réactions chimiques, ses modifications sous l'influence de la chaleur, rappellent fidèlement les matières protéiques.

Un grand progrès est donc fait dans la voie des synthèses organiques; et l'avenir promet certainement des résultats encore plus complets.

Le chimiste a donc pu réaliser la construction de la plupart des composés complexes, qui paraissait exclusivement réservée à l'organisme vivant. Ces composés ne sont pas seulement des produits de dédoublement ou d'oxydation, des déchets de la vie, mais aussi des combinaisons analogues à celles qui constituent les produits supérieurs de la vie. Nous devons reconnaître que ces produits, que cette albumine obtenue par synthèse, tout en ayant la même *composition élémentaire* que *l'albumine vivante* et les mêmes caractères physiques et chimiques, s'en distingue néanmoins par un point très important : elle ne manifeste pas les phénomènes caractéristiques de la vie. Elle n'est pas capable de jouer le rôle d'amorce, et n'a pas la même instabilité quel 'albumine vivante. Il y a là une lacune *considérable* qu'il ne faut certes pas négliger. J'y reviendrai lorsque j'aurai à m'occuper de la possibilité pour le chimiste de créer de la matière vivante. Pour le moment nous n'avons établi qu'une chose, c'est que le chimiste est capable de créer par synthèse directe, les composés les plus caractéristiques et les produits les plus élevés de la vie.

La chimie pourra-t-elle un jour produire de l'albumine vivante, capable de jouer activement le rôle d'amorce, et douée d'une instabilité suffisante pour subir toutes les modifications que comportent les combustions, les dédoublements et les démolitions qui conduisent à la désassimilation et à l'excrétion? Il est, me semble-t-il permis de l'espérer. Mais dans quelles limites semble devoir se renfermer le pouvoir du chimiste? Parviendra-t-il à faire un être vivant? Parviendra-t-il même à faire une simple cellule, un grain d'amidon, une fibre musculaire, en un mot un élément figuré et différencié?

Ici il convient, pour répondre à ces questions, de dissiper des confusions et de présenter tous les éléments du problème.

Demander au chimiste de faire *directement* un être différencié, de faire même une fibre musculaire, une cellule nerveuse, un grain d'amidon, c'est lui demander de faire ce que la nature (1) elle-même n'a probablement pas pu faire, ce qu'elle a été probablement impuissante à réaliser. Peut-on de bonne foi manifester une telle

(1) En parlant ainsi, je ne prétends pas limiter la puissance du Créateur ; je prends la nature telle qu'elle est, avec les forces dont elle dispose.

exigence ? N'est-ce pas assez que de demander au chimiste d'être aussi puissant que la nature ?

La question se réduit donc à ceci. Le chimiste pourra-t-il faire ce qu'a fait la nature? Voyons ce qu'a pu et dû faire cette dernière, en nous plaçant au point de vue de l'évolutionisme.

Si la forme vivante de la matière a pris un jour naissance, en vertu de l'action des forces naturelles, cela a dû avoir lieu dans un milieu dont les conditions différaient des conditions actuelles de notre globe, puisque cette formation de la matière vivante paraît ne plus se réaliser autour de nous. Dans ces conditions spéciales de milieu, la matière vivante a dû apparaître à l'état le plus simple, le plus rudimentaire, car les commencements sont toujours humbles et peu différenciés. Nous ne concevons rien de plus simple à cet égard, que des gouttelettes plus ou moins petites, d'une substance comparable à l'albumine ou au protoplasme, c'est-à-dire d'une substance amorçable et instable à des degrés suffisants, pour que s'établît en elle le courant des échanges vitaux. Les gouttelettes vécurent, augmentèrent de volume et se multiplièrent en se divisant parce que les échanges vitaux ne pouvaient être efficaces et bien réglés qu'à condition que la masse eût avec la surface un rapport bien déterminé. Si la masse fût devenue trop grande, la surface fût devenue insuffisante, la masse s'accroissant proportionnellement au cube du rayon, et la surface en proportion seulement du carré du même rayon.

Les petites masses protoplasmiques créées dans des conditions spéciales de milieu, vécurent dans ce milieu, tant qu'il resta le même. Mais ce milieu se modifia, puisqu'il a cessé d'être ce qu'il était (la géologie et la paléontologie l'établissent clairement); et nous pouvons présumer que ces modifications se firent lentement et progressivement. Les petites masses protoplasmiques durent se modifier aussi, et s'adapter aux conditions créées autour d'elles. Le milieu changé, l'être vivant le fut aussi ; mais, le milieu changé, les conditions qui avaient permis la formation directe de la matière vivante, la génération spontanée ou hétérogène, avaient aussi disparu. Le nouveau milieu fut donc tel, que les petites masses vivantes déjà créées continuèrent à y vivre en s'adaptant, mais que de nouvelles masses vivantes ne purent y être formées directement.

Les premières petites masses nées sur toute la surface du globe, où d'ailleurs les conditions étaient bien plus uniformes, qu'elles ne sont aujourd'hui, devinrent le point de départ de générations successives, qui obéissant à la loi du progrès qui préside à l'évolution, et soumises aux conditions de milieu, acquirent successivement des différenciations très lentes mais progressives, qui déterminèrent dans la masse homogène l'apparition de granulations, de localisations, de condensations circonscrites, de cloisonnements, de réseaux, etc., qui firent de cette goutte homogène un organisme plus ou moins compliqué. Ce furent là des progrès très lents, ne devenant sensibles qu'après des périodes très longues et à travers des millions de générations successives. Le noyau de la cellule, la fibre musculaire, la cellule nerveuse, le grain d'amidon, le globule gras, la cellule secrétante, etc., n'ont pas été formés du premier coup par la nature. Ils sont probablement le résultat du travail opéré pendant des millions d'années et à travers des milliards de générations. Ces milliards de générations de gouttelettes vivantes ou de cellules vivantes ont donc été autant de petits laboratoires, dans chacun desquels s'est élaboré, perfectionné, différencié la fibre musculaire, le grain d'amidon. Chacun de ces petits laboratoires a apporté à ce travail quelque part d'activité, et chacun a ajouté quelque chose à la différenciation.

Les uns, par exemple, ont commencé à produire dans

le protoplasme homogène des parcelles plus spécialement contractiles ; d'autres ont accumulé ces parcelles dans certaines régions. Cette concentration s'est faite très lentement, très progressivement. Dans d'autres gouttelettes ultérieures, ces régions ont pu se délimiter progressivement ; plus tard, les mouvements de contraction se sont peu à peu orientés dans un sens plutôt que dans l'autre ; plus tard, ce sens habituel des contractions et des élongations alternatives a déterminé la conformation de la substance contractile en fibrilles dirigées dans le même sens, et a achevé la formation de fibres musculaires ; et ainsi de suite.

La nature n'a donc pas pu former du *premier coup* des éléments différenciés. Elle a créé la matière vivante simple, homogène. Et c'est cette dernière qui, à travers une série considérable de siècles et de générations, a été appelée à élaborer les éléments différenciés que nous connaissons. Il ne faut donc pas demander au chimiste plus que n'a fait la nature elle-même. Ceux qui lui demandent de créer directement la cellule, la fibre musculaire, dépassent infiniment en absurdité les gens qui diraient au mineur dont le rôle se borne à extraire le minerai, de faire avec ses moyens de travail propre, un de nos magnifiques cuirassés. Il peut fournir le minerai, mais il faut ensuite que le métallurgiste, avec ses fourneaux, ses cornues, ses réactifs, extraie du minerai les lingots de fonte nécessaires. Après lui, devront intervenir l'ingénieur qui conçoit et dresse les plans, le fondeur, les ouvriers qui manient les laminoirs et le marteau-pilon, l'atelier du tourneur, celui du polisseur, celui de l'ajusteur, celui des constructeurs proprement dits, etc., etc., qui tous contribueront successivement, et pendant une longue série de jours à la préparation, au perfectionnement, à la mise au point des diverses parties du grand navire ; et tout cela, sous le regard, sous la direction de l'ingénieur qui a conçu le plan, qui en a ordonné l'exécution et qui a pourvu aux moyens de la réaliser.

Ainsi ont contribué à la différenciation de la fibre musculaire, du grain d'amidon, de la cellule nerveuse, toute une série innombrable de petits ouvriers et de petits laboratoires conformément au plan du Créateur.

Voilà donc bien défini et bien délimité ce que l'on peut attendre du chimiste : créer la matière vivante simple, (albumine ou protoplasme), comme l'a créée la nature. Ce qui peut autoriser à penser ainsi, ce sont les progrès accomplis tout récemment, et si rapidement dans la voie des synthèses organiques,

Nous avons fait remarquer, il est vrai, que si l'on a fait la synthèse de l'albumine, on n'a pas encore fabriqué de l'albumine vivante, active commme celle du protoplasme, douée d'un puissant pouvoir d'amorce, et d'une instabilité appropriée aux échanges vitaux. Mais il ne serait pas impossible comme le pense Pflüger, que l'albumine non vivante et l'albumine active ne fussent que des isomères, c'est-à-dire que des corps ayant une même composition élémentaire, et ne différant entre eux que par la disposition réciproque des atomes dans la molécule.

Or, la chimie a déjà donné la preuve qu'elle sait produire des changements isomériques dans bon nombre de corps ; (nous l'avons vu pour l'hyposulfite de soude) ; et rien ne peut permettre de certifier, qu'après avoir produit de l'albumine non vivante, elle ne trouvera pas un jour le moyen de déterminer en elle le changement isomérique, qui en fera de l'albumine vivante.

Il est d'ailleurs digne de remarque, que la vie ellemême produit à la fois ces deux états isomériques de l'albumine, l'un, l'état actif dans le protoplasme, et l'autre, l'état passif ou inerte dans l'albumine de l'œuf, chez les oiseaux. Cette dernière qui est appelée à nourrir l'embryon, peut se conserver intacte pendant des années, et se montrer indifférente vis à vis de l'oxygène, qui ne peut ni l'oxyder, ni contribuer à la disloquer. Il est à remarquer d'ailleurs que cette albumine privée du pouvoir d'amorce, est un produit de secrétion des cellules de l'oviducte, ce qui vient à l'appui des idées que j'ai émises plus haut sur le mécanisme de l'excrétion.

Pour créer la matière vivante simple, le chimiste peut suivre plusieurs voies : 1° ou reproduire exactement les conditions de milieu qui ont favorisé l'apparition de la matière vivante, ou 2° trouver des conditions nouvelles qui conduisent au même résultat; produire, par exemple, le changement isomérique dont nous venons de parler. On peut en effet, obtenir la même synthèse par des voies différentes, ainsi que nous l'avons vu à propos de l'alcool.

Le chimiste réalisera-t-il un jour l'une ou l'autre de ces conditions? Qui pourrait répondre résolument: Non ? La création de la matière vivante par la chimie, n'est donc pas *à priori*, absolument impossible.

Mais en supposant ces conditions réalisées, le chimiste pourra-t-il donner naissance à des parcelles de matière vivante, qui, comme les premières créées à l'origine de la vie sur le globe, pourront devenir le point de départ de générations successives et d'une *nouvelle évolution* dans les *conditions actuelles* de la nature? Il me semble qu'ici la réponse doit être négative, et voici pourquoi : Les premières parcelles créées ont vécu et se sont propagées pendant de longues séries de siècles, au milieu même des conditions qui avaient présidé à leur naissance ; elles ont ensuite subsisté malgré les modifications du milieu, parce que ces modifications lentes et embrassant de longs espaces de temps ont permis à la matière vivante de se modifier lentement et de s'adapter aux conditions nouvelles. La question posée revient donc à celle-ci : Le chimiste qui aura réalisé pendant un temps suffisant et dans un espace limité, les conditions qui ont autrefois présidé à la formation de la matière vivante, sera-t-il à même de les maintenir pendant un espace de temps suffisant ou de les modifier assez lentement, pour que la matière vivante ait le temps de s'adapter et d'entrer en relations utiles et conservatrices avec la nature actuelle? Si l'on songe au temps que la nature a dû employer pour parvenir à ce résultat d'adaptation, il est logique de conclure que de telles exigences sont tout à fait en dehors des conditions permises à l'expérience de l'homme. Si donc l'homme crée un jour de la matière vivante, il pourra l'observer pendant un temps plus ou moins long ; il pourra l'étudier ; mais ce sera là un embryon dont le développement ne saurait aboutir, par suite de l'absence de conditions convenables de milieu. Ce sera un véritable avortement. L'homunculus n'est donc pas encore fait !

CHAPITRE VIII

L'individualité n'est pas un attribut exclusif de l'être vivant. Elle existe aussi dans le règne minéral. Le cristal est un individu. Y a-t-il dans le cristal des phénomènes comparables à la division cellulaire ?

Je n'ai pas prétendu dans les pages qui précèdent soumettre à l'analyse toutes les différences apparentes qui séparent la matière brute de la matière vivante, dans le but de démontrer que ces différences ne sont pas absolues, mais seulement relatives. Je me suis volontairement borné à quelques points essentiels, et à ceux mêmes sur lesquels il convenait le plus de faire porter l'effort de la discussion. Je désire, pour clore cette partie de mon étude, examiner encore en quelques mots un point qui pourrait laisser quelques nuages dans l'esprit du lecteur. Il s'agit de la question de *l'individualité* et de la division de *l'individu* en biologie.

Je ne m'arrêterai pas ici à chercher une définition irréprochable et précise de *l'individu* en histoire naturelle. C'est là une œuvre très difficile et peut-être irréalisable par sa nature même. Cette impossibilité d'arriver à une notion précise, inattaquable et toujours applicable de l'individualité tient en effet à plusieurs causes dont les principales sont : 1° que l'individualité n'est pas toujours également caractérisée, qu'elle semble avoir des degrés, être variable, et présenter des nuances très nombreuses et des états intermédiaires qui s'opposent à toute précision dans la définition ; 2° que le terme d'individu peut s'appliquer avec autant de raison et de logique à un ensemble dont les parties sont unies et solidaires, qu'à chacune de ces parties qui, dans d'autres cas, se trouvent isolées, autonomes et ayant leur vie propre. Ainsi, par exemple, certains êtres pluricellulaires se fragmentent à certains moments en cellules isolées, et ces dernières, aussi bien que l'ensemble qu'elles constituaient, peuvent être considérées comme des individus. Cette vue s'étend même par analogie aux êtres supérieurs et à leurs cellules composantes, et cela avec d'autant plus de raison, que tout au moins une partie des cellules (les cellules propagatrices) acquièrent un jour cette autonomie qui leur confère nettement les caractères de l'individualité. Sans chercher donc une définition rigoureuse, ce qui n'est d'ailleurs pas nécessaire à notre propos, attachons-nous à l'idée commune que l'on place sous le mot d'individu. Il est certain que pour le commun des mortels, ce mot représente une masse de matière vivante dont toutes les parties sont étroitement reliées par une commune destinée et par la solidarité des fonctions, masse qui ne saurait être divisée ou privée d'une de ses parties sans courir des dommages et des risques dont l'importance est d'ailleurs très variable. Je répète que je ne donne point cette définition comme absolument rigoureuse. Mon seul but a été de traduire la notion vulgaire que renferme le mot d'individu. Cette notion s'applique largement aux représentants de la vie. On parle facilement et très généralement d'individus à propos des animaux. On hésite un peu plus quand il s'agit des plantes; les botanistes emploient cependant ce mot sans crainte d'aller trop loin. Mais quand il s'agit des minéraux, le terme cesse d'être en usage. On ne reconnaît plus ici d'individus. On parle *d'exemplaires*, ou parfois même *d'échantillons*. Cette différence dans l'expression est en rapport avec une différence dans l'appréciation, et l'on semble affirmer par là que l'individualité est un attribut de la vie, mais qu'elle fait défaut au minéral. Il est possible que cette affirmation ne soit pas toujours très consciente ; mais elle est d'accord avec une impression vague, plus ou moins indécise, mais cependant réelle. Eh bien! sur ce point comme sur les autres, la séparation absolue est loin d'exister entre les corps animés et les corps inanimés. Sans m'égarer dans les détails et sans vouloir étendre le sujet plus qu'il ne convient ici, je veux me borner à de courtes considérations.

Il est certainement un ordre d'individualité qui appartient aussi bien à la matière brute qu'à la matière vivante. Je veux parler de la molécule des corps simples ou composés. La molécule simple est l'individu par excellence, elle ne se rencontre pas proprement dans la matière vivante ; mais on la trouve fréquemment dans la matière morte. Mais la molécule des corps composés représente bien aussi une individualité, c'est-à-dire un ensemble de parties unies par des liens d'une solidarité non douteuse et constituant un tout distinct. Cet ordre d'individualité s'observe aussi bien dans la matière brute que dans les corps vivants.

Si nous nous élevons plus haut, nous trouvons chez les êtres vivants la cellule qui est une individualité bien caractérisée. Il y a là réunion intime de parties d'une forme déterminée ; il y a là collaboration, échange d'influences, et tous les attributs d'une individualité non douteuse.

N'y a-t-il rien de comparable à la cellule dans le règne minéral? Il me semble que si ; il me semble que le cristal est lui aussi une individualité à parties nombreuses réunies intimement dans des rapports spéciaux et avec une forme déterminée, avec échange d'influence et solidarité. Le cristal est un organisme construit suivant des lois qui en régissent toutes les parties, suivant un plan spécial qui fait de tous les éléments un ensemble défini, distinct de ce qui l'environne et représentant un tout nettement et rationnellement circonscrit. Tous les éléments, toutes les particules du cristal ont entre eux des relations de situation, et de fonctions, précises et régulières, qui font du cristal un véritable organisme.

Il y a donc un individu cristal, comme il y a un individu cellule.

J'arrête là ces considérations ; elles suffisent, me semble-t-il, pour établir que l'individualité n'est pas l'apanage exclusif de la vie, mais qu'on la retrouve avec une *forme appropriée* dans le règne minéral.

Examinons encore un point qui semble établir entre la matière brute et la matière vivante une différence sérieuse. L'individu vivant est capable de se diviser lui-même, de se fragmenter, de former ainsi d'autres individus. La cellule se divise, se fragmente spontanément. Le minéral peut-il en faire autant? Je réponds oui. Il y a une segmentation minérale et cristalline comme il y a une segmentation cellulaire. Cette proposition étonnera certainement, si l'on ne songe qu'à ces segmentations compliquées qui constituent la cytokinèse ou mitose. Mais nous savons que lorsqu'on veut comparer la matière brute à la matière vivante, il faut s'adresser aux manifestations les plus élémentaires et les plus simplifiées de cette dernière et non aux processus compliqués, qui résultent d'un très long perfectionnement et d'une différenciation excessive. .

Il y a des procédés de segmentation cellulaire d'une très grande simplicité, tels que ceux que j'ai observés et décrits dans les premières phases de multiplication des éléments reproducteurs, chez les crustacés décapodes par exemple. Ces éléments, constitués par des noyaux disséminés dans un protoplasme commun, présentent d'abord des phénomènes de pulvérisation et de dispersion de l'élément chromatique qui témoignent de l'existence de phénomènes moléculaires dans toute l'étendue du noyau. Puis apparaît bientôt une zone où se concentrent un grand nombre de grains chromatiques ; et enfin se dessine un plan de séparation, qui mérite vraiment le nom de plan de *clivage*, car à ce niveau les deux noyaux deviennent indépendants et se séparent sans étranglement préalable. Au lieu de deux noyaux il peut s'en former simultanément plusieurs, d'où résulte une fragmentation de l'ancien noyau (1).

Il y a là un procédé relatiment simple de division cellulaire. Il consiste d'abord dans des phénomènes moléculaires dans l'intérieur du noyau, phénomènes qui aboutissent ensuite à la formation d'un plan de moindre cohésion, suivant lequel se fait la séparation des noyaux-filles.

Pour établir que la matière minérale peut présenter des phénomènes qui ont quelque ressemblances avec ces derniers, il me suffira de rappeler ce que nous avons vu à propos du soufre et de l'hyposulfite de soude. Nous avons vu notamment pour le soufre que les cristaux primatiques se transforment en chapelets d'octaèdres par le simple contact d'un germe octaèdrique. Ce fait ne peut se produire que par l'apparition de nombreux plans de clivage qui divisent le prisme en une série d'octaèdres. Nous savons que ce phénomène se produit également pour le salpêtre et pour l'hyposulfite de soude.

Je ne prétends point qu'il y ait *identité* entre les procédés de division dans la matière vivante et dans la matière morte. Mon seul but est de montrer, que dans les deux états de la matière des divisions se produisent par suite de phénomènes moléculaires et de l'établissement d'un plan de moindre cohésion.

Que les phénomès moléculaires soient différents dans les deux cas, je ne le nierai certes pas ; l'état demi-fluide de la matière vivante et l'état solide de la matière miné-

(1) Voir les Comptes-rendus du Congrès de l'Association française pour l'avancement des sciences tenu à Paris en 1889.

rale cristallisée constituent déjà des différences importantes et par conséquent des conditions qui doivent faire varier les phénomènes. Mais il n'en est pas moins vrai, que dans l'un et dans l'autre cas des phénomènes moléculaires intimes se manifestent, et des surfaces nouvelles se produisent qui séparent deux masses d'abord confondues en une seule. Il y a là certainement à travers les différences considérables dans les conditions, des rapprochements qui présentent quelque intérêt.

CHAPITRE IX

Conclusions. La matière dite brute est vivante. La vie de la matière brute et la vie de la matière vivante sont deux aspects, deux moments différents de la vie. La vie est partout, l'esprit est partout.

Je clos là la partie de ce travail qui a trait à la vie. J'ai tenté, et peut-être ai-je atteint mon but, d'établir que la matière brute n'est entièrement dépouillée d'aucune des propriétés que l'on a volontiers considérées comme des attributs caractéristiques de la matière vivante. La matière brute est vivante aussi ; mais elle manifeste une vie lente et sourde, qu'un regard superficiel ne discerne pas, mais dont une analyse plus attentive parvient à constater les manifestations rudimentaires. Il y a en elle la puissance de la vie, puissance que révèlent des symptômes intimes et souvent obscurs, mais qui peut, dans certaines conditions, et par un concours de circonstances qui s'est réalisé un jour, jeter tout l'éclat des manifestations de la vie. Ces conditions, ces circonstances, nous n'avons pu les réaliser encore dans nos laboratoires. Mais la matière vivante garde et transmet fidèlement le dépôt de cette impulsion merveilleuse qu'elle a reçue autrefois, et qui l'a faite ce qu'elle est. Elle est le siège d'une puissante *onde de vie*, comparable à l'*onde explosive*, et qui se propage sans s'affaiblir et sans décroître à travers les parties de la matière minérale qu'elle transforme en matière vivante. Le contact intime de la matière vivante avec la matière minérale suffit en effet pour influencer cette dernière, et l'entraîner dans le courant qui l'emporte elle-même. Elle joue ainsi le rôle d'amorce puissante et irrésistible, qui assure son rajeunissement continu et son immortalité.

Ce que nous appelons la vie, n'est donc pas dû à des forces et à des mécanismes autres que ceux qui se manifestent dans la matière dite brute ou inanimée. La vie n'est qu'un état de suractivité, et pour ainsi dire d'exaspération relative des phénomènes mécaniques généraux suivant une direction spéciale. La matière vivante est donc un milieu dans lequel les phénomènes physiques et chimiques de la matière peuvent se produire avec une sorte d'impétuosité. Le char qui roulait avec lenteur sur le terrain rocailleux et montant de la matière brute, se trouve lancé dans la matière animée sur une plante déclive et polie qui donne à sa course une rapidité vertigineuse. Et dans cette course affolée, le char attire et entraîne sans cesse dans son élan les portions de matière brute qu'il cotoie et que son contact puissant ébranle et projette. Il en fait ainsi de la matière vivante.

La vie peut encore être comparée à un souffle intense et puissant. Ralenti d'abord par des obstacles, contenu par des chaînes de montagnes, il devient ouragan impétueux, quand il parvient dans les plaines de la vie ; et sa violence suffit à arracher sur son passage, des fragments de matière morte, auxquels il communique une vitesse égale à la sienne, et dont il fait de la matière vivante.

Encore une comparaison. La vie peut être considérée comme un fleuve. Il coule d'abord dans un lit plat et uniforme, où sa marche ralentie se déroule dans de nombreux méandres. Son cours est si paisible, la surface des eaux paraît si polie, que l'observateur se croit en présence d'une eau immobile et stagnante. Il faut y regarder de très près pour percevoir les déplacements presque insensibles, et pourtant réels de la masse, et les légères ondulations de la surface. Tel est l'aspect de la vie dans la matière brute. Mais, qu'une pente se présente, que le lit vienne à s'incliner, et l'onde accélère aussitôt sa marche ; les flots se précipitent avec force ; le fleuve tranquille devient un rapide, entraînant dans ses eaux bouillonnantes, les terres et les roches de la rive. Masse calme et torrent impétueux, sont deux aspects, deux moments différents du même fleuve ; la vie de la matière brute et la vie de la matière vivante, sont aussi deux moments, deux aspects de la vie.

La vie donc est partout, dans la matière dite inanimée, comme dans la matière vivante.

« Dans le grand tout, rien de mort, dit justement
» M. Fouillée (1), tout vit, tout sent, ou, pour ainsi dire,
» pressent à des degrés divers, tout *fait effort et aspire.* »

Oui partout, il y a la vie, et j'ajouterais, partout il y a l'esprit, si je ne m'étais proposé de me renfermer autant que possible dans le domaine de la biologie proprement dite.

(1) Alfred Fouillée. *Le physique et le mental, à propos de l'hypnotisme.* (*Revue des deux mondes,* 15 mai 1891).

DEUXIÈME PARTIE

DE LA MORT

CHAPITRE PREMIER

Le protoplasme primitif a pu être immortel. L'identité de l'être vivant ne tient pas à une continuité matérielle rigoureuse. Pourquoi le protoplasme est-il devenu mortel ?

La vie est partout dans l'univers ; tout vit, tout est animé, avons-nous dit. Il semblerait donc inutile de parler de la mort. Sans doute, si nous entendions par mort le contraire l'absence de la vie. Mais nous avons vu que telle n'est pas notre conception de la mort. La vie et ce que nous appelons la mort, ne sont que deux phases, deux formes de la vie.

Nous avons vu pourquoi dans l'état actuel du globe terrestre, la matière passait de l'état de vie lente à l'état de vie intense. L'énergique pouvoir d'amorce exercé par la matière vivante est le facteur actuel de cette transformation. Il nous reste à examiner pourquoi la matière à vie intense passe à l'état de matière à vie lente et sourde. La matière vivante devient à certains moments matière non vivante ; et nous devons chercher à la fois la nature et la cause de cette entrée dans ce que nous appelons la mort.

Je me suis occupé jusqu'à présent des conditions de la vie du protoplasme. J'ai recherché ce qui faisait que la matière vivante était vivante, d'où lui venait cette activité simultanée de construction et de démolition qui est la condition fondamentale de la vie. Il me reste maintenant à examiner quelles sont les causes et les conditions de la mort.

On peut présumer (et j'en dirai plus tard les raisons) que le protaplasme primitif avec sa puissance d'amorce et son instabilité associées dans des proportions convenables, placé dans un milieu capable de lui fournir les éléments de sa reconstitution, et de satisfaire à l'influence continue de l'amorçage, on peut présumer dis-je, que le protoplasme primitif a dû jouir de l'immortalité potentielle, ou en d'autres termes a dû rester à l'abri de la mort naturelle. Il n'y avait pas en lui, et tant qu'il restait identique à lui-même, de raison pour mourir, c'est-à-dire de rentrer dans le cadre des corps qui ont perdu le grand pouvoir d'amorce et la grande instabilité.

Il est d'ailleurs possible, et même probable, que le protoplasme, au moment où il s'est formé pour la première fois, ait présenté de très nombreuses variétés (car la variation est une des lois les plus générales de la vie). Cela est d'autant plus admissible, que le protoplasme actuel, aussi bien que les substances albuminoïdes qui en sont les éléments essentiels et caractéristiques, ne sont pas toujours identiquement les mêmes, et qu'il y a de notables variations dans les proportions du carbone, de l'hydrogène, de l'azote, de l'oxigène et du soufre qui les composent. Il a donc pu y avoir des protaplasmes chez lesquels le pouvoir d'amorce et l'instabilité n'ont pas été dans des relations de proportion alité assez heureuses pour que la vie fût indéfiniment possible. Ces variétés ou espèces de protoplasmes ont dû disparaître ; et il n'est resté qu'un protoplasme, chez lequel le pouvoir d'amorce et l'instabilité étaient heureusement combinées pour une existence permanente. C'est ce protoplasme dont nous connaissons la postérité.

Dans un protoplasme ainsi constitué, tant que le milieu ne change pas, nous ne voyons pas de place pour la mort. Si le protoplasme se brûle, se démolit petit à petit, par l'oxydation, par l'action des ferments, il se répare et se reforme aussi dans des proportions convenables par l'action de l'amorce ; et il y a stabilité fondamentale au sein de l'instabilité. C'est un vase dont l'eau s'écoule par un orifice inférieur, mais dans lequel un jet d'eau convenablement réglé, entretient cependant un niveau constant. A priori donc, le protoplasme a pu être *immortel*; mais il ne saurait être question ici de cette immortalité transcendante qui exclut toute possibilité de changement dans la substance, qui implique une permanence absolue de tous les éléments, sans variation ni de quantité, ni de rapports. Ce serait refuser au protoplasme, la circulation de la matière qui est un élément très essentiel de la vie physiologique. Ce serait supprimer le protoplasme.

Si nous considérons les molécules matérielles comme des individus, nous dirons que le protoplasme n'est pas toujours constitué par les mêmes individus, mais qu'un groupe d'individus est constamment remplacé par un groupe semblable à tous égards ; la garnison est renouvelée par escouades, mais chaque escouade de soldats est remplacée par une escouade de soldats de même taille, de même énergie, de même instruction, et appartenant à la même arme que ceux qu'ils remplacent. La garnison est donc toujours la même ; elle est permanente, et, quoique renouvelée, elle est apte à jouer constamment le même rôle et à fournir la même quantité de travail.

Mais alors peut-on parler rigoureusement de continuité et d'identité de l'être ?

Le professeur Delbœuf (1) invoque, pour expliquer l'identité de l'être à travers les âges, l'existence à côté de la matière fluente, destructible et réparable, d'une matière fixe et immuable qui comprend d'une part ce qu'il appelle l'héritage ou le noyau (c'est-à-dire le siège des instincts et des prédispositions héréditaires) et d'autre part ce qu'il nomme l'épargne (c'est-à-dire le siège de l'intelligence, de la mémoire et des habitudes acquises). L'action réciproque de ces trois composants conditionne la vie individuelle et le perfectionnement de l'espèce. Par elle aussi s'explique la mort.

Je ne saurais accepter cette matière fixe et immuable ; et toute l'ingéniosité des raisonnements de Delbœuf ne sont point parvenus à me convaincre. Delbœuf avoue d'ailleurs que l'expérience semble contredire qu'il y ait dans le corps des animaux des parties immuables. Il a mille fois raison. Et il aurait encore plus raison s'il avait souvent observé la cellule dans tous ses états, et s'il avait vu combien la variation, la diminution et l'augmentation, les changements de situation, de forme, de disposition sont la règle générale et chassent bien vite de l'esprit l'idée de *fixité et d'immutabilité*. D'ailleurs Delbœuf en arrive aux arguments des désespérés. « En pareille matière,
» dit-il, l'expérience ne pourra jamais fournir de preuves
» inattaquables. L'observation ne pourra jamais atteindre
» les dernières particules, et l'on sera toujours libre de
» nier l'universalité des changements partiellement cons-
» tatés. Il suffit en effet qu'un grain de matière subsiste
» pour que l'opinion que je défends soit sauve. Or, qui
» voudrait prendre sur lui d'établir que ce grain n'existe
» nulle part ? »

Raisonner ainsi, c'est s'opposer à la constatation de toutes lois générales naturelles, car nul ne peut se vanter,

______

(1) Delbœuf. *De la matière brute et de la matière vivante,*

et ne pourra prendre sur lui d'établir que les choses se
passent de telle manière dans tous les cas et dans tous les
lieux. Il faut reconnaître en science les droits de l'analogie.
Or, ici l'analogie appuyée sur l'expérience, l'induction
scientifique légitime nous obligent à admettre que dans
l'être vivant tout se modifie incessamment avec des vitesses
variables ; mais que rien n'est fixe et immuable. L'instabilité est partout une condition de la vie, et la stabilité
relative celle de la mort. Dire que ce qui fait l'identité de
l'individu, c'est une matière *fixe et immuable*, c'est dire
qu'il doit son identité à la quantité de matière morte qu'il
peut avoir en lui, à « une partie qui n'est pas vivante
puisqu'elle n'est pas changeante », comme le dit Delbœuf
lui-même.

Mais les parties les moins mobiles se renouvellent plus
ou moins lentement. Oui, dirais-je à Delbœuf, les os se
renouvellent ; oui la coquille de l'huître se renouvelle, les
parties anciennes et vieillies étant constamment repoussées
et chassées par les couches de nouvelle formation. Mais
dois-je m'arrêter à démontrer que les arguments de
Delbœuf soulèvent tous de graves objections aux yeux
du biologiste ? L'esprit loyal et sincère que je combats
m'en dispense lui-même en portant sur sa propre argu-
mentation le jugement que voici : « Je reconnais aussi
bien que n'importe qui le peu de solidité de cette argu-
mentation purement négative ». Voilà qui est parler avec
franchise et netteté.

L'explication de l'identité de l'être n'a d'ailleurs nulle-
ment besoin de l'existence de cette matière immuable et
fixe. Il ne faut point jouer sur le mot d'*identité* de l'être ;
car si l'on voulait prendre ce mot au pied de la lettre, il
faudrait pour que l'être restât identique, qu'il n'y eût en
lui rien de destructible et de réparable ; il faudrait que
l'individu fût constamment composé des mêmes particules
de matière, en même nombre, et disposées de la même

manière ; la naissance, la croissance, les échanges seraient supprimées, et l'être vivant ainsi organisé serait le suprême représentant de l'immobilité et de la mort. C'est ici, qu'on peut répéter avec juste raison, le mot de Delbœuf, en le transformant et en l'appliquant à la thèse contraire. « Il suffit qu'un grain de matière de l'être ne *subsiste pas*, pour que l'identité soit supprimée». N'est-ce pas d'ailleurs ce que dit Delbœuf lui-même ? « Dès qu'une unité substantielle perd un atome de sa substance, elle n'est plus matériellement identique à elle-même ». Ainsi d'une part, l'identité de l'être est garantie par la subsistance d'un seul grain de matière de l'être, quoique les autres aient disparu, et d'autre part, la perte d'un atome de la substance, détruit l'identité de l'unité substantielle. N'y a-t-il pas là flagrante contradiction ?

L'identité de l'être me semble trouver une explication satisfaisante, dans l'action amorçante du protoplasme. Dans la gouttelette de protoplasme, qui doit toujours nous servir de point de départ, il y a formation et destruction incessantes, mais partielles. Il reste donc toujours une portion importante de protoplasme, et de beaucoup même la plus importante qui est en état de jouer ce rôle d'amorce. Cette portion est la gardienne des traditions, c'est-à-dire des instincts, des prédispositions héréditaires, des facultés d'ordre physiologique, aussi bien que d'ordre mental ; et son rôle d'amorce, et d'amorce puissante, lui donne le pouvoir de former une nouvelle quantité de protoplasme semblable à elle-même, et douée des mêmes propriétés et des mêmes facultés. Cette nouvelle parcelle de matière entre en relations intimes avec la masse ancienne ; elle en subit l'influence, et en reçoit des traditions et une sorte d'éducation qui la conduisent à confondre son activité dans l'activité commune de cette dernière. Ainsi est maintenu cet enchaînement d'actes d'ordre physiologique et d'ordre mental, qui constitue réellement la continuité et l'identité de l'être.

Delbœuf devrait, semble-t-il, attacher moins d'importance qu'il ne le fait à la permanence matérielle, comme condition de la permanence individuelle ; il pense, en effet, que la transmission de la vie n'est qu'un cas particulier d'un phénomène général, la transmission du mouvement. Usant d'une comparaison familière, il fait remarquer que quand une bille de billard choque une autre bille, le mouvement de la première passe dans la seconde, sans altération, et restant *parfaitement identique* à lui-même, quoique transféré dans un autre corps. « Ainsi en est-il, » dit-il, de la vie, de la sensibilité, de la pensée ». De là, à reconnaître qu'à travers le flux de la matière vivante, l'identité peut être maintenue, la distance n'est certes pas grande.

L'argument tiré du canif auquel on remet successivement des lames et un manche, et qui perd ainsi son identité, repose sur une comparaison tout à fait illégitime ; car la lame nouvelle ne peut recevoir du manche ancien des souvenirs, des habitudes, des instincts, une éducation, en un mot, qui, si elle était donnée et reçue, assurerait l'idendité de l'instrument, particllement renouvelé. Il y aurait en effet, même forme, mêmes fonctions, mêmes désirs, et même conscience de la continuité.

On peut présumer, ai-je dit, que le protoplasme primitif était immortel ; et j'ai expliqué le sens que j'attachais à ce mot. Une fois créé, il se serait perpétué indéfiniment, comme masse protoplasmique, abstraction faite des changements moléculaires qui correspondent à la vie (assimilation et désassimilation). A part les raisons (que je me réserve de donner plus tard), qui autorisent cette présomption, j'en vois une dans ce fait que le protoplasme nous donne le spectacle et l'illusion de cette immortalité, pendant la période de développement, de croissance et de jeunesse des organismes supérieurs. Non seulement alors, la vie du protoplasme semble exclure l'idée de destruction et de mort ; mais elle donne plutôt l'idée d'une énergie, qui loin de s'épuiser, multiplie les manifestations et les preuves de sa puissance, et dont nous ne prévoyons le déclin et la fin, que parce que l'expérience nous a instruits de ce changement de décor.

Le protoplasme primitif n'a-t-il rien présenté de semblable ? N'a-t-il pas connu une période plus ou moins longue de son histoire, où son énergie demeurant permanente le rendait indemne de la mort naturelle, et en faisait un être potentiellement immortel ?

Il est clair que si nous trouvions dans la nature actuelle des fragments, des restes de ce protoplasme, des êtres vivants qui fussent doués de l'immortalité, la question serait résolue, et nous aurions le droit d'affirmer que le protoplasme a été créé immortel. Nous aurons donc à rechercher et à discuter la réalité de l'immortalité de certains êtres actuels et de certaines portions de l'être.

Toutefois, si nous venions à constater que tous les êtres vivants sont aujourd'hui fatalement condamnés à la mort, nous n'aurions pas pour cela le droit de conclure que la mort a régné dès le début de l'apparition de la vie ; car il est possible que la mort n'ait été introduite dans le monde terrestre que longtemps après cette apparition.

Mais en supposant qu'il fût démontré qu'il a existé, ou qu'il existe encore des êtres immortels, nous ne pouvons nier, qu'il en est un très grand nombre qui sont frustrés de ce privilège, et nous avons à nous demander comment s'est produite cette déchéance ? D'où vient que tout au moins la plupart des êtres vivants, quoique plongés dans un milieu qui a suffi à leur développement et à leur subsistance, sont tôt ou tard atteints par la sénescence et par la mort ? Pourquoi l'animal, la plante, meurent-ils ? ou plutôt, pourquoi ne continuent-ils pas à vivre? pourquoi le milieu qui a suffi à leur développement ne peut-il continuer à les faire croître, ou tout au moins à les maintenir dans leur stature définitive? C'est là une question délicate, difficile à résoudre, sur laquelle bien des réponses ont été faites. C'est là un problème qui manque encore d'une solution satisfaisante et que nous devons examiner. Je n'ai certes pas la prétention d'y répondre d'une manière inattaquable. D'ailleurs, dans tous les problèmes qui touchent aux causes, nous ne possédons pas la réponse définitive. Nous ne connaissons le dernier *pourquoi* de rien. Tout le rôle de la science consiste à déplacer les questions, à leur faire franchir quelques pas, de manière à les dégager de certains *impedimenta*, à les simplifier de plus en plus, et à faire entrevoir leur solution dans l'intervention d'une des causes très générales qui président à la vie universelle.

Avant de développer devant vous la réponse que j'essaierai de faire à cette redoutable question, il convient d'examiner tout au moins quelques-unes des réponses qui y ont été faites par des naturalistes philosophes, ou par des philosophes naturalistes.

CHAPITRE II.

Historique de la question. Ehrenberg, Dujardin, Weismann, Cœtte, Butschli, Cholodkowsky, Minot, Maupas, Mœbius.

Le naturaliste Ehrenberg qui a consacré de si beaux travaux à l'étude des infusoires ou petits animaux qui se développent et vivent dans les infusions, avait été conduit à formuler sur le sujet qui nous préoccupe la proposition suivante :

« La propagation des infusoires, par divisions fissipares,
» supprimant toutes probabilités de destruction possible
» de l'individu, leur confère une permanence potentielle
» et une dissémination dans les mers et l'espace, qui,
» envisagées poétiquement, ressemblent à l'immortalité
» douée d'une éternelle jeunesse. Ils se subdivisent à
» l'infini, en parties nouvelles, vivant d'innombrables
» années d'une jeunesse sans fin. » (*Die Infusionsthier-*
chen, 1838, p. XIII, § 11, cité par Maupas).

Dujardin, moins audacieux et plus prudent, se demanda si ce mode de propagation était vraiment illimité, ou bien s'il avait un terme reparaissant périodiquement. Il considéra la solution de la question, comme très importante, mais comme très difficile à obtenir, et seulement par la méthode expérimentale.

En 1881, le professeur Weismann prononça devant le congrès des naturalistes et médecins allemands réunis à Salzbourg, un discours remarquable : *Sur la durée de la vie* (*Ueber die Dauer des Lebens*, Salzbourg, 1881).

D'après Weismann, la durée de la vie des individus est uniquement subordonnée à des convenances utilitaires.

L'espèce étant d'un intérêt supérieur à l'individu, dès l'instant que la perpétuité de l'espèce est assurée, l'individu devient inutile ; sa survivance n'est qu'une question de luxe, de prodigalité pour la nature ; et la sage économie veut que l'individu disparaisse immédiatement après avoir donné le jour à sa progéniture. C'est ainsi que la plupart des animaux meurent après la fécondation et la ponte.

La mort n'est cependant pas un attribut primitif de tout être vivant. Elle n'est qu'une mesure utile et économique. Aussi y a-t-il des animaux qui ne meurent pas, par exemple les protozoaires tels qu'infusoires, rhizopodes et en général, tous les êtres unicellulaires ou monoplastides (1), qui se propagent par simple division. Un protozoaire se divise en deux êtres qui se diviseront à leur tour et ainsi de suite, sans qu'il y ait jamais un corps mort, un cadavre.

Tous les monoplastides ne connaissent pas de dégradations ou d'usures physiologiques, analogues à celles que subissent les polyplastides (2). Ils sont dit-il, *trop simples pour cela*. Si un infusoire est blessé, ou bien il répare la blessure, si elle est petite ; ou bien il meurt de mort accidentelle, si la blessure est trop étendue. Pour eux, il n'y a pas de milieu entre une *intégrité parfaite* ou une *destruction complète*. Une mort normale, c'est-à-dire résultant d'une cause interne, n'a pas de raison d'être chez ces organismes inférieurs, se multipliant uniquement par divisions fissipares ; ils jouissent éternellement d'une immortalité entée sur une jeunesse éternelle. Les deux individus résultant de la division, sont entièrement équivalents ; ni l'un ni l'autre n'est le parent ou le descendant. Ils sont absolument identiques comme puissance physiologique et comme âge, et également aptes à conserver et à propager l'espèce.

(1) C'est-à-dire composés d'une cellule unique.
(2) Animaux composés d'un agrégat d'un ensemble de cellules.

Puisqu'il ne connaissent pas l'usure physiologique, leurs descendants ne la connaîtront pas plus qu'eux dans la suite de générations successives, tant qu'ils seront placés dans des conditions normales, et qu'ils ne seront pas frappés par accident.

Mais pour les métazoaires (1) qui renferment des cellules à fonctions distinctes, les unes propagatrices confinées dans les organes reproducteurs, les autres somatiques, c'est-à-dire appartenant au *corps* et remplissant toutes les fonctions autres que la propagation de l'espèce, pour les métazoaires, dit Weismann, ils sont sujets à la mort, parce que les cellules somatiques n'ayant qu'une force de production limitée (Weismann ne dit pas pourquoi) sont exposées à toutes sortes d'accidents et de causes de détérioration et de destruction qui sont irréparables.

On le voit donc pour Weismann, la mort survient parce que la nature ayant atteint son but principal, qui est la perpétuité de l'espèce, juge bon de supprimer la dépense et fait l'économie d'une vie devenue inutile et improductive.

Alexandre Gœtte publia en 1883 une étude intitulée : *De l'origine de la mort* (*Ueber den Ursprung des Todes.* Hambourg et Leipzig, 1883).

Les idées de Weissmann ne le satisfont pas. L'utilité de la mort n'explique ni son origine, ni sa nécessité. La mort est une nécessité attachée dès l'origine à l'essence de la vie ; aussi se produit-elle non seulement chez les animaux pluricellulairés, les métazoaires, mais aussi chez les êtres unicellulaires.

(1) Animaux qui ont comme point de départ un œuf dont le germe se segmente pour constituer un blastoderme, c'est-à-dire une membrane composée de plusieurs couches de cellules appelées à former les organes de l'animal. Les métazoaires sont opposés aux protozoaires chez lesquels il n'y a ni de segmentation du germe, ni formation d'un blastoderme.

Chez les protozoaires monoplastides (1), la mort se trouve réalisée dans l'enkystement, c'est-à-dire dans cet acte par lequel l'animal cesse de se multiplier par division, entre en repos, s'entoure d'un kyste qu'il sécrète, se modifie plus ou moins, suivant un processus regressif et se présente comme dépourvu de toutes les manifestations de la vie, jusqu'à ce qu'il rompe le kyste, réacquière l'organisation propre à son espèce et rentre dans les conditions normales de la vie.

Dans l'enkystement, l'être se transforme en un véritable germe qui devient le point du développement d'un être nouveau, si bien que l'enkystement, c'est-à-dire la mort, est un véritable processus de rajeunissement ou de reproduction.

Chez les protozoaires homoplastides, l'organisme se transforme également en germes, en ce sens que l'agrégat se dissout en cellules germinatives capables de produire chacune un nouvel être. Toutes les cellules deviennent des germes qui se séparent, si bien que l'édifice antérieur a disparu comme édifice, et qu'il n'en reste que des moellons isolés. La mort ici n'est pas tant caractérisée par l'enkystement que par la séparation, la désagrégation de l'ensemble.

La mort n'implique pas l'idée du cadavre, de la dépouille, comme le pense Weismann ; elle est essentiellement la suspension de la vie de l'ensemble, suspension qui n'implique pas la notion de la suspension définitive de la vie des parties. La mort est un arrêt de la vie commune,

---

(1) Gœtte distingue des protozoaires monoplastides, et des protozoaires homoplastides. Les premiers consistent en une cellule unique ; les seconds sont des protozoaires composés de plusieurs cellules. Ce sont donc des polyplastides homoplastides ; mais ils diffèrent des métazoaires ou polyplastides hétéroplastides, en ceci que leurs cellules constituantes, loin de se différencier en feuillets et en organes différents, conservent toutes une égale valeur, et sont toutes appelées à devenir des germes.

qui se manifeste, quand les cellules, tout en pouvant continuer à vivre, cessent de travailler pour le tout. La mort des homoplastides consiste donc dans la dissolution de l'assemblage cellulaire, car par elle, l'intégralité de l'individu mère est absolument supprimée. La mort des homoplastides n'étant que la séparation des cellules devenant germes, est donc comme pour les monoplastides, la conséquence nécessaire de la reproduction.

Chez les métazoaires, la mort est également liée à la formation des germes, de telle sorte que la mort est toujours corrélative de la reproduction ; elle en est la conséquence. La reproduction exerce directement une « action mortelle ». L'animal meurt, non pas seulement comme le pense Weissmann *après* qu'il a procréé, mais *parce qu'il* a procréé. C'est ainsi que meurt l'éphémère, ou le papillon après qu'il a déposé ses œufs, l'abeille mâle aussitôt après l'accouplement.

Chez l'orthonectide, ce métazoaire inférieur, l'entoderme ou masse interne de cellules, se transforme presque entièrement en œufs ou en spermatozoïdes ; l'ectoderme ou enveloppe externe, formée de cellules, forme un véritable sac qui se déchire à l'époque de la maturation, laisse sortir les éléments reproducteurs, et reste lui-même à l'état de dépouille, de cadavre. L'orthonectide qui est un type relativement très simple et primitif, comme métazoaire, manifeste clairement la relation de cause à effet, qui existe entre la reproduction et la mort chez les métazoaires.

Chez ces derniers donc comme chez les polyplastides inférieurs ou homoplastides, la mort consiste essentiellement dans la dissolution de l'assemblage cellulaire. Chez eux aussi la reproduction est la cause exclusive de la mort.

Weismann répondit à Gœtte dans un mémoire ayant pour titre : *Sur la vie et la mort (Ueber Leben und Tod,* léna, 1884) ainsi que dans un mémoire : *Sur la question de l'immortalité des unicellulaires* (*Zur Frage nach der Unsterblichkeit der Einzelligen.* Biologisches Centralblatt IV, Nos 21 et 22, 1885). Voici les points les plus importants de sa réponse :

Dans l'enkystement il n'y a pas une suppression de la vie. Il y a seulement une certaine dégénérescence de l'organisation spécifique, avec cessation de la préhension de nourriture et du mouvement. Mais une *vita minima* persiste dans la masse simplifiée du protoplasme. C'est une pause de la vie, mais ce n'est pas la mort. L'enkystement n'est d'ailleurs pas nécessairement et toujours un rajeunissement, une reproduction ; mais le plus souvent il n'est qu'un moyen pour l'être monocellulaire de se soustraire à des conditions fâcheuses et passagères du milieu. On ne saurait légitimement considérer l'individu enkysté comme un germe ; c'est-à-dire comme une masse organique non organisée, mais susceptible de se développer.

Pour Gœtte, la mort avec sa nature essentielle s'est transmise des monoplastides aux polyplastides ; mais si la mort des monoplastides consiste essentiellement dans l'enkystement, il devrait en être de même pour les polyplastides ; or, Gœtte attribue à la mort de ces derniers un tout autre caractère, puisqu'elle est précisément non l'enkystement, mais la dissolution de l'assemblage cellulaire.

D'ailleurs, la mort des métazoaires ne concerne pas spécialement les germes, mais le corps, le *soma* de l'individu qui les produit. Il y a là chez Gœtte un défaut de logique et d'harmonie qui suffirait à établir que l'enkystement, même compris comme le fait Gœtte, ne correspond pas directement à la mort.

La mort est proprement la perte irréparable de la vie d'un organisme ; c'est la suspension définitive de la vie. L'idée de cadavre est liée indissolublement à celle de la mort.

La mort n'est pas caractérisée par la séparation ou le défaut de synergie des cellules ; mais par leur impuissance à revivre. Est mort tout ce qui ne peut revivre. *Mort* et *cadavre* sont deux idées corrélatives. Or il n'y a pas de cadavre dans la multiplication par division des protozoaires monoplastides ; il n'y en a pas davantage dans l'enkystement, il n'y a donc pas pour eux de mort naturelle.

Les *métazoaires* sont sujets à la mort ; mais tout ne meurt pas chez eux. Ils ont une partie mortelle et une partie immortelle ; la partie somatique est mortelle ; l'autre partie propagatrice est immortelle, c'est-à-dire qu'elle peut revivre. Dans les protozoaires homoplastides, toute cellule est propagatrice ; on ne peut appeler mort la séparation de ces cellules. Il n'y a pas mort, puisqu'il y a multiplication de vie, et non cadavre.

Gœtte a raison de voir un phénomène de mort dans le déchirement de l'ectoderme des orthonectides, car il y a là un cadavre ; et c'est peut-être le premier exemple de mort naturelle dans la série animale. Mais Gœtte a tort d'y voir une cause nécessaire de mort au lieu d'une simple concomitance. On ne voit pas en effet en quoi la mort de l'ectoderme et de la couche musculaire (que Gœtte passe sous silence) est la conséquence *nécessaire* de la sortie des germes. Ne pourraient-ils pas se refermer, cicatriser leur blessure et continuer à vivre et à se nourrir ?

Il n'y a à cela aucune impossibilité évidente. Pourquoi donc l'orthonectidée meurt-elle ? uniquement parce que son temps est fini, parce que la durée de la vie est limitée à une période déterminée, c'est-à-dire à l'achèvement de la reproduction, parce que la constitution de son corps, de ce soma est ainsi réglée, qu'il doit se dissoudre après l'expulsion des germes, même alors qu'il a de la nourriture à sa disposition.

Mais en outre, en supposant que chez les orthonectidés la mort soit la conséquence de la production et de la sortie des germes, il n'y a pas de raison pour considérer ce fait comme représentant une loi générale pour tous les autres animaux métazoaires. Les orthonectidés sont d'ailleurs des formes exceptionnelles, des formes parasitaires, dépourvues de cavité digestive.

Chez la plupart des animaux métazoaires les cellules somatiques l'emportent sur les cellules propagatrices et en sont indépendantes ; il n'est donc pas logique que leur mort soit commandée par ces dernières.

Si la propagation était en elle-même une cause directe de mort, elle tuerait toujours l'animal de la même manière. Or, au contraire, quand elle produit la mort, c'est tantôt par inanition, tantôt par blessure, tantôt par choc nerveux, en un mot par des mécanismes très variés.

La mort des êtres pluricellulaires n'est donc pas le résultat d'une *nécessité interne* ; elle est due simplement à des raisons de convenance et d'accomodation.

Mais pourquoi les cellules somatiques sont-elles mortelles ? Voici la réponse que Weissman essaie de donner à cette question :

Ces cellules étaient d'abord immortelles, car rien ne rendait nécessaire la solution contraire. Mais c'eût été un luxe inutile, une prodigalité qu'il était convenable et utile de supprimer. La raison de la mort de ces cellules est donc une raison de pure convenance. Fait remarquable, les cellules devenues mortelles sont précisément celles qui accomplissent des fonctions définies, comme si le désavantage de la limitation de la durée, pour ces cellules, est contrebalancé par l'avantage de la puissance considérable de leur action. Mais il n'y a en cela *aucune nécessité interne*. La caducité des cellules somatiques est une convenance.

Cette caducité fut dès le début peu frappante, le nombre des cellules somatiques étant d'abord petit par rapport à la masse des cellules procréatrices ; mais leur nombre s'accrut peu à peu, si bien que la mort semble aujourd'hui frapper l'individu tout entier. Mais ce n'est là qu'une apparence, car il reste une partie qui ne meurt qu'accidentellement, et qui est au fond immortelle, c'est la partie reproductrice.

La durée plus ou moins longue de la vie repose, comme la mort, sur une accommodation. L'individu meurt quand il n'est plus apte à propager l'espèce, et quand il serait un luxe inutile.

La vie est quelque chose qui dure, et non quelque chose de périodiquement interrompu. Dès qu'elle a apparu dans les formes les plus rudimentaires, elle s'est maintenue sans interruption ; ces formes seules ont changé, et tous les individus de toutes les formes les plus hautes, qui vivent aujourd'hui, sont issus par enchaînements ininterrompus de ces êtres inférieurs et primitifs. Il y a une complète continuité de vie.

Il y a dans les mémoires que je viens de résumer des vues pleines d'intérêt, et je crois aussi, de vérité.

Mais j'ai à adresser à l'une comme à l'autre des deux conceptions des critiques qui me paraissent justifiées. Pour le moment, je suppose acquis les faits d'observation sur lesquels elles reposent ; je les considère, provisoirement, comme démontrés. Plus tard seulement je devrai les examiner de près et les discuter.

Cela étant entendu, je vais commencer par une critique générale.

Ce qu'il y a de commun dans ces deux théories, c'est qu'elles établissent des relations entre la mort et la procréation, relations différentes pour l'une et pour l'autre, mais relations réelles et positives.

Pour Weismann la relation est une relation de convenance et de sage administration. L'animal meurt après avoir procréé, parce qu'il a atteint le but par excellence de sa vie, la conservation de l'espèce. Il meurt après avoir procréé.

Pour Gœtte, la relation est une relation de nécessité. L'animal meurt parce qu'il a procréé. Il est vrai que les règnes animal et végétal offrent bien des exemples de cette relation, et qu'il y a pas mal d'animaux et de plantes qui meurent après avoir assuré leur succession. Les cas sont surtout nombreux chez les insectes.

Mais que d'exemples contraires, soit chez les animaux inférieurs soit chez les animaux supérieurs. Parmi les invertebrés que d'animaux qui pondent tous les ans à des époques déterminées, et dont la vie se prolonge pendant des séries relativement importantes d'années. Crustacés, mollusques, annélides, sont là pour contredire la réalité et la fixité, la constance de la relation. Parmi les vertébrés ai-je besoin de citer avec Delbœuf, les poissons dont la vie est très longue, et dont la croissance, du moins pour certains, paraît indéfinie, quoiqu'ils pondent tous les ans un nombre considérable d'œufs. Parmi les oiseaux, les mammifères, et l'homme lui-même, la mort suit-elle immédiatement la procréation ? Il n'en est heureusement rien.

Cette relation n'est donc pas rigoureusement exacte ; mais elle a cependant quelque chose de vrai à condition que la formule en soit modifiée comme suit :. La mort ne survient d'une manière naturelle et certaine, qu'après que l'individu est devenu *incapable* de se reproduire, que dans une période de la vie où a déjà disparu le pouvoir procréateur.

Mais il est clair que cette proposition qui est l'expression exacte de la vérité est par elle-même la réfutation de l'idée de Gœtte. La procréation n'est point en effet la cause directe de la mort, puisqu'elle se renouvelle souvent dans une longue période de l'existence ; et son dernier acte n'est certes pas toujours immédiatement suivi de la mort.

Et d'ailleurs ne sait-on pas qu'il est des êtres asexués,

chez lesquels la procréation est impossible, les neutres, les ouvriers parmi les abeilles et les fourmis ; et cependant la mort les frappe aussi bien que l'abeille reine ou mère qui consacre une longue existence à remplir la ruche de ses nombreux enfants. A cette objection Gœtte répond en disant que la mort est chez les asexués un legs de l'hérédité. Cette réponse n'est qu'une hypothèse sans preuve employée à légitimer une autre hypothèse.

On peut y objecter que si la relation entre la procréation et la mort était si étroite et si nécessaire que le veut Gœtte, il n'y aurait mort que là où il y aurait procréation. Certainement la mort naturelle survient fatalement après que l'individu est devenu incapable de se reproduire, est devenu stérile. Il y a là une relation vraie et très générale ; mais cette relation, nous le verrons, a sa raison dans des causes plus positives et d'ordre plus naturel et plus scientifique que celles qu'invoquent Weismann et Gœtte.

Que penser en effet des raisons que Weissmann et Gœtte mettent à la base de la relation qu'ils supposent exister entre la procréation et la mort. *Convenance*, dit l'un *nécessité*, dit l'autre. Ces explications sont-elles satisfaisantes ? Il me semble que non.

Convenance, nécessité, sont dans la circonstance, plutôt des mots que des raisons : Pourquoi : convenance ? pourquoi l'être qui a procréé cesserait-il de vivre ? N'a-t-il plus de rôle utile à jouer ici-bas ? Ne peut-il pas d'une autre manière, et par d'autres voies contribuer au progrès soit de son espèce, soit d'autres espèces? Ne peut-il pas jouer un rôle dans la sélection naturelle, qui, si elle n'est pas le moteur ou le souffle directeur de l'évolution, représente cependant une partie de son mécanisme ? Sa lutte contre d'autres espèces, son rôle dans la fécondation ou la propagation à distance des plantes, son influence sur la multiplication ou la raréfaction d'autres espèces animales, son influence très importante aussi sur les générations nou-

velles de son espèce, etc., tout cela ne pourra-t-il pas justifier une profitable prolongation d'existence ? Les faits répondent affirmativement à cette question ; et dans tous
les cas le mot *convenance* manque d'une justification suffisante,

Il en manque d'autant plus qu'il conviendrait de
démontrer que la nature a rigoureusement exclu le luxe
de son administration. Peut-être un jour y parviendra-
t-on ; mais ces temps ne sont pas encore venus. Et d'ailleurs le fussent-ils ; il resterait à démontrer que l'existence
d'un être qui ne se reproduit pas est inutile et luxueuse.
Les fourmis et les abeilles, les sociétés et les colonies animales qui renferment presque toutes des êtres incapables
de procréation, mais cependant très utiles à l'ensemble,
protesteraient certainement contre semblable affirmation.

Pourquoi nécessité ? C'est ce que Gœtte ne dit pas, et
c'est ce que nous voudrions savoir. En vertu de quelle
propriété de la matière vivante, en vertu de quel mécanisme biologique ? C'est ce que nous ne voyons pas.

Convenance et nécessité, je le répète, sont plutôt des
mots que des raisons ; et nous verrons plus tard à propos
de la conjugaison des infusoires que ces mots mêmes
sont justement l'expression du contraire de la vérité.

Les vues de Weismann sur l'immortalité des protozoaires et sur la division du corps des métazoaires en
deux ordres de cellules, les unes somatiques ou mortelles,
les autres procréatrices ou immortelles sont tout à fait
dignes d'attention et constituent une conception très intéressante. Mais l'explication que Weismann essaie de
donner de la mortalité des cellules somatiques me paraît
superficielle et insuffisante. Ces cellules deviennent mortelles parce que leur vie prolongée eût été un luxe inutile
(toujours raison de convenance) et de plus la mort leur a
été dévolue comme si c'était le prix de l'exaltation de
leur puissance car ces cellules sont celles précisément

qui accomplissent des fonctions définies ; mais il n'y a à cela *aucune nécessité interne*.

Il y a dans cette observation une vue juste ; ce sont en effet les cellules à fonctions définies, à différenciation positive, qui sont appelées fatalement à mourir. Mais la raison que semble donner Weismann de cette relation entre la spécialité des fonctions et la mortalité, ne me paraît pas de nature à satisfaire.

Est-il démontré que la mort doive être le prix de l'exaltation de la puissance ? je ne vois aucune raison logique de ce fait. *Puissance* et *immortalité* ne sont certes pas des termes contradictoires. Où d'ailleurs réside plus particulièrement la puissance ? Dans la cellule du foie qui n'est capable que de secréter la bile, dans la cellule musculaire qui ne peut donner que du mouvement ? ou bien dans ces cellules propagatrices qui ont en elles la puissance de refaire un être semblable à celui dont elles ne sont qu'une minime portion, je dis plus, qui portent en elles la puissance d'une série indéfinie de générations successives ? Je ne crois pas qu'il soit possible d'hésiter pour la réponse. N'est-il pas vrai qu'ici l'*immortalité* est bien l'*associée*, et non l'antagoniste de la *puissance ?* J'insiste sur ces deux considérations, à cause de la haute valeur du savant naturaliste de Fribourg et parce que je devrai y revenir quand j'aurai à exposer mes propres vues sur cette grave question.

Bütschli, professeur à l'Université d'Heidelberg, a publié en 1882 (1) sous le titre de : *Pensées sur la vie et la mort* (*Gedanken über Leben und Tod*. Zool. Anzeig. V), quelques considérations dont il fait remonter l'origine en 1876, c'est-à-dire après la terminaison de son travail sur les premiers développements de l'œuf, sur la division cellulaire, et sur la conjugaison des infusoires, et par suite avant la communication de Weismann au Congrès de Salzbourg.

Bütschli fait remarquer que les phénomènes de la naissance et de la mort, offrent une opposition bien remarquable, relativement à la valeur de l'individualité chez les animaux supérieurs ou pluricellulaires, et chez les animaux inférieurs ou unicellulaires, tels que les infusoires et les rhizopodes. Chez les premiers, l'individu poursuit une existence individuelle, bien circonscrite, bien distincte à côté de ses descendants ; tandis que chez les seconds, qui se reproduisent par voie de division, l'individu cesse d'exister comme tel, par suite même de la reproduction par division, car alors son individualité se partage en deux individualités nouvelles qui sont ses descendants.

La mort des organismes supérieurs n'est pas surtout la perte de la vie, mais bien la perte de l'existence individuelle ; et à ce point de vue, on peut dire que la reproduction des organismes monocellulaires est en même temps leur mort. On voit que sur ce point, Bütschli se trouve d'accord avec Gœtte.

Mais, dit Bütschli, d'un autre côté, la mort des organismes supérieurs comporte la sortie du domaine de la vie, d'une portion importante de substance organisée, et par conséquent, la destruction d'une vie antérieure, tandis que cet élément destructeur est entièrement étranger à la mort individuelle des protozoaires, qui est la conséquence de la reproduction ; car tout l'être reste vivant et entre dans la constitution de ses descendants.

Chez les protozoaires, et spécialement chez les infusoires, la mort n'existe pas dans le sens de destruction de matière organisée, et comme conséquence d'une cause spéciale, ayant son siège même dans l'organisme. Ces organismes peuvent mourir de mort accidentelle ; mais ils ont tous la capacité de se reproduire, et aucun ne porte en lui un germe de mort.

Pour expliquer l'existence limitée des animaux supérieurs, Bütschli ne voit qu'une hypothèse possible, c'est l'existence dans la cellule d'une matière agissant comme ferment, et provoquant les réactions chimiques, source des phénomènes vitaux. Ce ferment s'use peu à peu, quoique lentement. Si on admet que l'œuf des animaux supérieurs est doté d'une quantité déterminée de ce ferment de la vie, qui se consomme peu à peu pendant la vie, la mort apparaît comme la conséquence de la disparition progressive de ce ferment.

Chez les protozoaires à reproduction fissipare, il en est tout autrement. Ils possèdent aussi ce ferment vital *Lebensferment* ; mais ils possèdent aussi la faculté de le renouveler, ce qui les préserve de la mort naturelle.

Chez les organismes supérieurs existe aussi cette faculté de renouvellement, mais localisée dans les organes reproducteurs. Les autres cellules peuvent donc mourir par la perte du ferment ; mais dans les masses germinatives dont les cellules conservent très longtemps leurs caractères primitifs, une quantité nouvelle de ferment vital est accumulée pour les descendants.

Les phénomènes de la fécondation chez les métazoaires, et de la conjugaison chez les infusoires, permettent de discerner quel est dans la cellule, le siège de cette substance excitatrice de la vie. L'affaiblissement graduel de l'énergie vitale des infusoires, est combattue par la conjugaison dans laquelle il y a renouvellement total ou partiel du noyau par les prétendus nucléoles ou noyaux primaires. Dans la fécondation, le noyau de l'œuf est renouvelé par le noyau du spermatozoïde. On peut donc admettre que le ferment de la vie est concentré dans le noyau.

Chez les infusoires, il faudrait admettre que le ferment de la vie renouvelé, est surtout renfermé dans les nucléoles ; et dans les cellules reproductrices des organismes supérieurs, au contraire, il serait surtout renfermé dans le noyau de la cellule mâle.

Voilà la théorie de Bütschli, sur la cause de l'immortalité possible ou potentielle des protozoaires et sur la cause de la mort fatale et nécessaire des organismes supérieurs.

On voit que Bütschli pense que la mort naturelle ne saurait atteindre les protozoaires ; il croit cependant à l'affaiblissement progressif de leur énergie vitale (Die in allmæhlichen Sinken begriffene Lebensénergie der Infusioren,.... Die sinkende Lebensénergie der Infusioren.); mais la conjugaison met *toujours* un terme à cette dégradation, et les préserve *toujours* de la senescence et de la mort. Bütschli se sépare de Weismann en ce qu'il ne croit pas à la possibilité d'une série infinie de divisions fissipares chez les infusoires, en ce qu'il considère la conjugaison comme nécessaire, pour arrêter l'organisme des infusoires dans la voie de l'affaiblissement.

Mais nous verrons qu'il se trompe en pensant que cet affaiblissement sénile, prélude de la mort naturelle, est chez eux *toujours* conjuré et que par conséquent la mort naturelle par vieillesse est inconnue chez les infusoires. S'ils peuvent échapper à la mort naturelle, ils peuvent aussi y succomber. S'ils ont une immortalité potentielle, ils ont aussi une mortalité potentielle.

Quand à l'hypothèse du *ferment vital*, elle a quelque chose de séduisant, je l'avoue ; mais que d'objections elle peut soulever ! On ne saurait affirmer que la fermentation ne joue aucun rôle dans les phénomènes de la vie. Mais, y a-t-il un *ferment vital* qui serait à lui seul l'excitateur de la vie ? Les ferments sont surtout des dislocateurs, des agents de dédoublement, et non des constructeurs ! Et dans ce cas, le ferment vital pourrait aider à comprendre la désassimilation. Mais comment expliquerait-il l'assimilation, la composition de la matière vivante, la construction du protoplasme ? On aurait en outre le droit de demander que le ferment fut démontré, fut observé. La science sait isoler les ferments, ou du moins constater directement leur présence. Il conviendrait peut être de le faire pour le ferment vital, sous peine d'être accusé de masquer sous un mot séduisant l'ignorance de ce qui est.

Il faudrait aussi expliquer pourquoi le ferment s'use avant la matière fermentescible, alors que les produits de la prétendue fermentation sont éliminés au fur et à mesure, et ne peuvent entraver l'influence ultérieure du ferment. Pourquoi les cellules germinatives conservent-elles plus longtemps encore leur caractère originel et possèdent-elles seules le pouvoir de renouveler le ferment vital ? Voilà tout autant de questions auxquelles Butschli ne donne aucune réponse, ni prochaine, ni éloignée ; et il me semble que le ferment vital n'est qu'une simple hypothèse dont il ne faudrait se contenter que sous bénéfice d'inventaire, et faute d'une meilleure explication.

Quelques mois après la publication de la note de Bütschli, Cholodkowsky de Saint-Pétersbourg, publiait dans le *Zoologischer Angeiger* de 1882, une note sur *La mort et l'immortalité dans le monde animal (Tod und Unsterblichkeit in der Thierwelt)*.

L'auteur commence par opposer aux idées de Bütschli une objection qui l'a frappé. « Comment, dit-il, expliquer par cette hypothèse que chez certains métazoaires qui ont à la fois une reproduction sexuée et asexuée (l'Hydre d'eau douce par exemple) toutes les cellules du corps ne soient pas immortelles, quoique cependant le ferment vital qui doit être transmis aux descendants, s'étende sur tout le corps et y soit renouvelé ? Si toutes les cellules du corps de ces animaux possèdent la faculté de reproduire un nouvel individu, elles devraient avoir toutes aussi la faculté de produire le ferment vital, et être toutes immortelles ; ce n'est cependant pas le cas, puisqu'elles meurent toutes (sauf cependant les cellules sexuées et fécondées).

Il semble à Cholodkowsky qu'il faille chercher la cause de la mort des métazoaires dans le caractère pluricellulaire de leur organisme. Une cellule possède toujours, et par elle-même une immortalité potentielle ; mais aussitôt que les cellules qui se différencient, se réunissent en un individu complexe, elles sont livrées au sein de celui-ci, à la lutte pour l'existence (dans le sens de Roux « lutte des parties pour l'organisme »), lutte qui se poursuit d'une manière très irrégulière, et qui conduit successivement par elle-même, *eo ipso*, à la ruine du tout et à la mort. Une nouvelle hypothèse est donc inutile, puisque le principe de la lutte pour l'existence donne une explication simple et rationnelle de l'immortalité potentielle des protozoaires et de la fatalité de la mort chez les métazoaires.

On voit donc que pour Cholodkowsky les métazoaires sont directement mortels, parce qu'étant composés de plusieurs cellules, ils doivent succomber à la lutte qui s'allume en eux, entre les diverses parties ou cellules de l'organisme. Les protozoaires étant unicellulaires, sont soustraits à cette cause de ruine et de mort, et sont par conséquent immortels.

J'avoue que de toutes les solutions données au délicat problème que nous discutons, celle que nous venons d'examiner me paraît la moins satisfaisante et la plus susceptible d'objections.

Si je ne me trompe ce principe de la lutte pour l'existence, de la lutte des parties dans l'organisme, n'est autre chose qu'une variante, qu'un chapitre, de ce que nous connaissons déjà de longue date, sous le nom de *balancement des organes*. On a cru donner à ce principe une couleur nouvelle, et l'assaisonner de quelques grains de nouveauté en le recouvrant d'une appellation qui est en faveur. S'il est vrai qu'il y ait entre les parties de l'organisme une sorte d'antagonisme, une espèce de concurrence, il n'en est pas moins vrai aussi, qu'il existe entre ces parties un concours heureux, une collaboration précieuse pour le bien et le salut de l'ensemble. On peut se demander lequel des deux principes domine ou de la collaboration, ou de la lutte ; et je crois qu'il est encore plus juste de dire que c'est l'harmonie, et l'aide mutuelle qui l'emportent dans cette réunion d'efforts particuliers et d'actions spéciales.

Est-il vrai de dire que la lutte des parties dans l'organisme revêt toujours un caractère très irrégulier ? et peut-on voir le résultat de cette lutte irrégulière et inégale dans la mort lente et progressive, calme, sereine et qui n'a rien de l'agonie, de ces milliers d'organisme dans lesquels la sénescence se manifeste parallèlement dans les parties, faisant des progrès simultanés, et atteignant progressivement tous les éléments de l'organisme. Quelle est cette lutte où tous les combattants sont vaincus à la fois et progressent suivant une marche régulière et uniforme vers la défaite finale ? A la lutte pour l'existence se rattache l'idée de vainqueurs et de vaincus ; or ici on ne voit que vaincus, et il est impossible de discerner de quel côté est la victoire. Peut-on appeler lutte cet ensemble de phénomènes qui conduit à la mort naturelle à travers les phases d'une dégradation progressive ? J'y vois plutôt une émulation dans laquelle chacun dépense sa part d'efforts et de bonne volonté pour retarder l'issue fatale, jusqu'à ce que l'impuissance survienne pour une cause toute autre que la défaite après la mêlée.

Mais il est, une objection bien plus grave à faire à la théorie que nous exposons. Nous verrons en effet que les animaux monocellulaires peuvent aussi être atteints par la mort naturelle ; et qu'ils ont en eux une *mortalité potentielle*. Que devient alors l'influence bienfaisante de cette absence de la lutte des parties qui devrait être le garant de l'immortalité ?

C. S. Minot a abordé la question actuelle dans un court article ayant pour titre : *La mort* et l'*individualité* (1).

Il trouve que la conception ordinaire que l'on se fait de la mort considérée comme phénomène biologique est restée très confuse et peu scientifique ; et il se plaint de ce que Weismann et Gœtte ont augmenté plutôt que diminué la confusion qui règne sur ce sujet. Ils n'établissent en effet aucune des distinctions nécessaires entre les différents genres de mort, les divers ordres d'individualité, et les différentes formes de reproduction (2).

Pour l'individualité telle qu'elle est généralement comprise, Minot fait remarquer avec raison qu'elle n'existe pas dans la nature, et n'est qu'une notion de fantaisie de l'esprit humain. On applique ce terme d'*individu* à des êtres qui n'ont pas entr'eux le moindre point comparable. Un individu protozoaire, un individu polypé, un individu insecte ne sont pas homologues, et leurs corps ne peuvent se comparer. La mort d'un simple protozoaire, quoiqu'en pense Weissmann, n'est pas équivalente à celle d'un animal supérieur. La mort d'un être

(1) *Journal science*, T. IV n° 90, 24 oct. 1884. New-York. Traduit par J. Bonnier dans *Bulletin scient. du département du Nord* 1884-1885 N° 2.

(2) Dans un mémoire écrit par Weissmann avant qu'il eut connaissance du mémoire de Minot (Zur Frage nach der Uusterblichkeit der Einzellingen. Biologisches Centralblatt. IV. N° 21 et 22, 1885), cet auteur montre, à mon avis, que le reproche que lui fait Minot, d'avoir méconnu la valeur purement relative de l'individu, n'est pas mérité.

Voici en effet l'une de ses conclusions :

« La question de savoir si l'on fait bien dans la division des monocellulaires de considérer la mère et la fille comme le même individu, ou comme des individus différents, est une simple question de mots, qui n'a une importance plus grande, que lorsqu'elle nous conduit à la conviction que chez les monocellulaires il n'y a pas d'individu dans le sens que l'on donne à ce mot chez les organismes supérieurs, et qu'en outre nos abstractions comme *génération, mère, fille* ne doivent être considérées que comme des conceptions artificielles, et non comme des réalités existant dans la nature. »

être unicellulaire est absolument différente de celle d'un individu multicellulaire. Huxley a le premier donné une définition scientifique de l'individualité. La vie se présente comme un ensemble de cycles de cellules : *Chaque cycle est constitué par toutes les cellules dérivant d'un œuf fécondé.*

Il y a des cycles, dont les cellules dérivées de l'œuf fécondé se séparent, se multiplient par division, et constituent autant d'individualités d'un certain ordre qu'il y a de cellules. Tel est le cas des infusoires ciliés, des protozoaires monocellulaires.

Pour d'autres cycles, l'œuf fécondé donne naissance à des cellules qui restent unies, mais qui forment par des bourgeonnements successifs des êtres semblables ou différents, (polypes, siphonophores etc. etc)., qui peuvent ou devenir indépendants (polypoméduses) ou rester unis en une colonie (siphonophores). Chez les polypoméduses en effet, la forme polype donne naissance par bourgeonnements à des formes médusaires qui deviennent le plus souvent indépendantes, et donnent l'œuf fécondé qui sera le point de départ d'un nouveau cycle.

Enfin dans d'autres cycles, l'œuf fécondé donne naissance à un ensemble de cellules qui restent unies pour la constitution d'un seul individu Tel est le cas des animaux supérieurs.

La totalité d'un cycle *quelconque*, est homologue de tout autre cycle complet, quand bien même il constituerait un soi-disant individu d'une seule cellule, ou plusieurs individualités (polypes), ou seulement une individualité (vertébrés).

Toutes les cellules sont homologues ; tous les cycles sont homologues ; mais toutes les individualités ne sont pas homologues, car une individualité peut être un cycle complet (animaux supérieurs, vertébrés), ou seulement une fraction de cycle (polype, méduse).

Il est évident que la mort d'une simple cellule n'est pas nécessairement identique à la terminaison d'un cycle.

Quand un homme qui ne représente qu'un cycle de cellules a perdu la faculté de continuer ce cycle, il meurt; et quand le cycle se termine normalement par des causes internes, inhérentes à sa nature même, c'est là proprement la *mort naturelle*. Mais il est évident que certaines cellules du corps de l'homme, du cycle humain, peuvent disparaître, être détruites, et leur mort n'est certes pas comparable à la mort du cycle.

Minot se pose les questions suivante :

1° Tous les organismes sont-ils des cycles de cellules?

2° S'il en est ainsi, tous ces cycles ont-ils une limite naturelle? C'est-à-dire la mort est-elle toujours l'accompagnement naturel et inévitable de la vie?

Pour lui, tous les organismes se développent en cycles, et seulement en cycles ; donc toutes les espèces vivantes commencent leur existence par un *œuf fécondé* ou par son équivalent. (C'est là, verrons-nous, une proposition trop absolue, et dans tous les cas, une affirmation prématurée).

La reproduction sexuelle qui seule peut donner l'œuf fécondé, existerait donc chez tous les êtres animés, même chez les plus inférieurs ; et la sexualité serait un phénomène fondamental et caractéristique de la vie. Minot trouve rationnel d'admettre la fonction sexuelle même chez les protistes, qui ne sont ni animaux, ni végétaux, bien qu'on ne l'y ait pas encore constatée. Le résultat de la sexualité, est l'œuf fécondé, ayant le pouvoir de reproduire par segmentation les générations successives de cellules qui, avec l'œuf, constituent le cycle.

Minot considère comme probable, que tous les cycles de cellules sont limités d'eux-mêmes. La terminaison du cycle résulte d'une diminution graduelle du pouvoir de division de la cellule, et de ce que l'intervalle entre deux divisions successives croît de plus en plus. C'est là, la cause de la terminaison du cycle. Les déperditions s'accumulent, et les cellules ne pouvant plus se diviser, s'éteignent d'elle-mêmes. Cette perte progressive de l'activité divisante constitue la sénescence ou vieillesse qui commence avec le cycle lui-même (1). Le fait est évident pour les animaux supérieurs, l'est-il aussi pour les animaux unicellulaires ? Minot le présume et s'appuie sur ce fait que chez le *Paramœcium* (infusoire cilié) les divisions qui succèdent à la conjugaison, ou acte sexuel, *s'éloignent de plus en plus*. Il y aurait donc une véritable sénescence suivie d'une fin de cycle, ou *mort naturelle*.

(1) Dans une communication récente : (*On certain phénoména of growing old*) *Sur certains phénomènes de la sénescence*, faite par Charles Sedgwick Minot à la section de biologie de l'Association américaine pour l'avancement des sciences (Congrès d'Indianapolis 1890), l'auteur cherche à établir que l'activité de prolifération des cellules est en raison inverse de la quantité de leur protoplasme par rapport au volume du noyau ; qu'il y a durant tout le cours de la vie une perte progressive de vitalité, en même temps qu'il y a une croissance progressive dans la quantité du protoplasme, que ces deux phénomènes ont entre eux des relations directes de cause à effet ; et qu'ils autorisent à avancer tout au moins comme hypothèse, que le développement du protoplasme est la cause de la perte de la faculté de croître. Et pour traduire ce résultat général sous forme de sentence, Minot pense qu'on peut dire, que le protoplasme est la base matérielle des progrès de la décrépitude, et qu'il est incompatible avec le pouvoir de croissance.

Je ne puis discuter longuement ici ces propositions qui ont une certaine couleur de paradoxe. Je dois pourtant faire remarquer que Minot rapporte à l'accroissement du protoplasme cellulaire un effet déprimant et détériorant, qu'il est tout aussi naturel, et plus naturel même de rapporter à une altération, à une modification intime du protoplasme. *Post hoc, ergo propter hoc*, ne constitue pas un raisonnement irréprochable ; et on a le droit de regretter que Minot croit devoir en user dans le cas actuel. Il constate un accroissement du protoplasme, en même temps qu'un affaiblissement vital, et il en conclut qu'il y a là une relation de cause à effet, sans se demander s'il n'y a pas dans ce protoplasme des modifications autrement influentes que son augmentation de volume. Je pense pour moi, qu'en supposant démontrée (et

Chaque cycle avant son complet épuisement doit pourvoir au commencement d'un nouveau cycle, c'est-à-dire à la production d'un œuf fécondé, d'où résulte une intime connexion entre la maturité ou l'approche de la mort et la reproduction sexuellle. *La sénescense est par suite la cause déterminante de la reproduction sexuelle.* Nous avons vu que pour Gœtte, au contraire, la sénescence et la mort étaient la conséquence fatale, nécessaire de la reproduction sexuelle.

Voici l'hypothèse à laquelle Minot est arrivé : A l'origine, chaque cellule d'un cycle était un individu distinct; l'épuisement des dernières cellules fut cause qu'elles devinrent des corps reproducteurs qui se conjuguèrent, et alors recommença un nouveau cycle.

Lorsque des animaux multicellulaires évoluèrent, le même phénomène se produisit; mais un certain nombre de cellules se différencièrent, d'une façon spéciale et devinrent alors incapables de représenter un état sexuel. Ainsi quand la fin du cycle approcha, quelques cellules seulement devinrent sexuelles, et l'animal (ou la plante),

je dois à cet égard faire des réserves) la coïncidence que signale Minot, il est plus logique de chercher dans les modifications ou les altérations du protoplasme la cause de l'arrêt de croissance. Des observations récentes ont rendu au protoplasme son rôle très actif et peut-être même prédominant dans la division cellulaire. Ce fait seul suffirait à faire penser que ce n'est point la quantité mais la qualité du protoplasme qui pourrait lui enlever ce pouvoir diviseur.

Je préférerais d'ailleurs considérer l'accroissement relatif du protoplasme par rapport au noyau, comme le résultat d'une différenciation avancée de la cellule qui porte atteinte au pouvoir amorçant de cette dernière, qui retarde d'abord, et empêche enfin sa division et sa multiplication. Nous verrons en effet dans la suite de cet essai l'effet déprimant de la différenciation nucléaire sur le pouvoir d'amorce ; et je renvoie le lecteur pour une explication plus complète à la partie de cette étude où ce sujet sera spécialement examiné. Il y a loin de là à cette manière d'envisager avec Minot le protoplasme comme la base matérielle des progrès de la décrépitude.

eut atteint la maturité. La sénescence est la cause déterminante de la reproduction sexuelle. La reproduction sexuelle dépend de l'épuisement des cellules. La nutrition et la reproduction sont opposées l'une à l'autre. La nutrition insuffisante détermine l'effort de la reproduction. La cessation de la croissance et la reproduction sexuelles sont la conséquence de la *sénescence*.

Minot reproche à Bütschli et à Cholodkowsky, d'avoir méconnu que la véritable question est de reconnaître, non si les protozoaires meurent, mais s'ils forment des cycles soumis à la sénescence. Le reproche entièrement fondé vis à vis de Cholodkowsky, qui considère comme immortels les protozoaires, ne l'est pas au même degré, vis à vis de Bütschli, puisque ce dernier reconnaît la *nécessité* [du renouvellement du ferment vital par la conjugaison, tout en pensant que ce rajeunissement ne fait jamais défaut, et que les protozoaires ne connaissent pas la mort naturelle.

En résumé, pour Minot, tous les organismes se développent en cycles, et seulement en cycles ; la mort est la fin naturelle et fatale du cycle, fin due à la *sénescence* qui est un trait distinctif de la vie, et trouve son expression dans la *perte graduelle* des pouvoirs fonctionnels de l'organisme, perte dont nous ne *connaissons pas le caratère essentiel* et *encore moins la cause.*

Si je ne me trompe, les vues de Minot constituent une assertion, une constatation plutôt encore qu'une explication. Nous verrons s'il n'est pas permis d'aller plus loin.

Maupas, dans un très beau travail sur la multiplication des infusoires ciliés sur lequel j'aurai l'occasion de revenir (Archives de Zool. expéri. II série, T. VI, 1888), considère qu'il est *risqué* d'affirmer avec Minot que tous les organismes se développent en cycles, et que tous commencent par un œuf fécondé. L'expérience et l'observation qui pourraient seules donner la solution de ce problème,

semblent plutôt fournir des arguments en faveur de
l'opinion contraire. Il est en effet beaucoup d'êtres vivants,
chez lesquels on n'a encore trouvé aucune trace de phénomènes sexuels, et qui n'en continuent pas moins à vivre et
à se multiplier énergiquement. La sexualité pourrait donc
ne pas être un attribut nécessaire de la vie. En outre, il
semblerait même que certains êtres, tout en possédant la
sexualité, aient conservé la faculté de se reproduire indéfiniment par voie agame. Ainsi la vigne, le houblon, le
peuplier d'Italie, le saule-pleureur, le *musa sapientium*,
la canne à sucre, le *colocasia antiquorum*, l'*opuntia ficus
indica*, sont cultivés et multipliés de temps immémorial,
par voie agame.

Chez les animaux inférieurs, on ne peut affirmer qu'il
n'y ait pas des exemples semblables ; et si les cultures de
Maupas, lui ont démontré la nécessité du retour cyclique,
d'un acte sexuel chez les infusoires ciliés, il se garderait
bien d'étendre cette conclusion à tous les protozoaires, de
sorte qu'il faut dire avec Sachs, que nous n'avons aucune
raison *d'affirmer que tous les organismes se comportent
de la même façon au sujet de la nécessité d'une fécondation sexuelle.*

Mœbius, professeur à Kiel, a publié dans le *Biologisches
Centralblatt* (IV. 1885, p. 389), une note ayant pour titre :
*Das Sterben der einzelligen und vielzelligen Tiere: La
mort des animaux unicellulaires et pluricellulaires.*

Pour Mœbius, l'immortalité d'un être vivant consisterait
essentiellement dans la propriété qui lui serait inhérente,
et ne pourrait être détruite par des causes externes, de
durer éternellement comme individu.

Or on ne saurait appliquer cette notion à la durée de
la vie des protozoaires qui se multiplient par division ;
car l'existence individuelle d'un protozoaire qui se divise,
prend fin au moment où les deux filles-mères se séparent.

La substance du corps ne disparaît pas, ne se détruit pas, il est vrai ; mais l'individu primitif a disparu pour faire place à deux individus. A mesure que se succèdent les divisions, chacune des filles ne possède qu'une partie toujours plus faible de la substance du corps de la mère primitive.

Les protozoaires sont, comme les métazoaires, des individus corporellement et psychiquement centralisés. Or le centre psychique de la mère disparaît en même temps que l'individualité corporelle. Les protozoaires ne peuvent donc être considérés comme immortels, soit au point de vue corporel, soit au point de vue psychique.

Chez les animaux pluricellulaires, ou hétéroplastides de Gœtte, les cellules reproductrices transmettent leur faculté de vivre comme le font les monoplastides, sans passer par une cessation d'existence, sans passer par la mort.

Mais les cellules reproductrices des hétéroplastides donnent naissance à de grandes masses d'autres plastides qui sont des cellules ouvrières (*Arbeitsplastiden*) susceptibles de fonctions plus énergiques et plus variées que celles des monoplastides, incapables de reproduire l'individu, et pouvant continuer à travailler à leur manière, quoique les plastides de reproduction se soient détachées du corps de l'individu pluricellulaire. Aussi la plupart des individus hétéroplastides survivent-ils à l'acte de la reproduction, tandis que l'existence individuelle des monoplastides doit finir avec la reproduction, parce que chez eux la substance pour le travail et la substance pour la reproduction ne sont pas distinctes.

Si au point de vue morphologique le corps des monoplastides correspond aux cellules reproductrices des hétéroplastides, la vie des deux n'en est pas moins très différente. Les cellules reproductrices des hétéroplastides vivent *inertes* jusqu'à ce *qu'elles se détachent et se déve-*

loppent ; les animaux unicellulaires au contraire sont constamment en relation avec le monde extérieur. Les premières, ne reçoivent donc aucune excitation directe du dehors ; et de là résulte que leur sensibilité se conserve non émoussée. Elles ne vieillissent donc pas par le travail, comme le font au contraire les cellules ouvrières et les cellules appartenant à la vie de relation. Mais aussitôt qu'elles reçoivent une excitation du dehors, après leur chute et la fécondation, elles travaillent suivant leurs aptitudes propres et innées avec une énergie toute nouvelle et intacte. Si les plastides de reproduction des métazoaires ne deviennent pas dans un certain délai des individus libres, dont la puissance de développement est mise en activité par certaines excitations venant de l'extérieur, elles meurent aussi bien que les plastides de travail.

Sur toutes les plastides de travail les excitations extérieures exercent des actions qui s'affaiblissent si elles se renouvellent souvent. Ces plastides se fatiguent, et leur fatigue aboutit en définitive à l'insensibilité, à l'inertie et à la mort.

La vieillesse et la mort s'expliquent ainsi par l'affaiblissement progressif des réactions de l'organisme aux excitations soit de l'extérieur, soit du centre psychique lui-même.

Puisque notre terre se trouve dans des relations d'un caractère périodique avec le soleil, puisque dans le monde tout se passe périodiquement et par actions réciproques, il n'y a pas en lui de source qui ait pu produire des individus organiques immortels.

Ces vues de Mœbius me paraissent mériter quelques objections sérieuses.

L'auteur me paraît attacher, avec Gœtte, une idée trop étroite et trop absolue à l'idée d'individualité chez les protozoaires ; un protozoaire est une individualité relative, et je n'en veux pour preuve que sa *divisibilité si complète* et si fréquente en *individualités filles*. Qu'est-ce qu'une *individualité* si propre à se diviser, si ce n'est un semblant, un simulacre, un degré très inférieur de l'individualité ? Au fond, le protozoaire qui se multiplie par voie de division, est presque toujours lui-même une sorte de fragment d'individualité, car il n'est qu'une partie d'un cycle ; c'est 1/2, 1/4,.... 1/20 d'individu. Mais il s'agit là de fractions. Or, entre fractions, il n'y a que des degrés. Le fossé, la vraie séparation, se trouvent entre l'unité et la fraction.

D'ailleurs, en se plaçant au point de vue de Mœbius, l'individualité des animaux supérieurs serait elle-même très contestable, car vers la fin de l'existence d'un homme, il reste certainement dans son corps une bien faible portion (si toutefois il en reste) de la substance même qui a constitué son corps dès la naissance et dans la jeunesse.

Il faut donc considérer l'individualité comme une chose très relative, et ne pas y attacher dans la circonstance une valeur qu'elle n'a pas.

La notion de l'immortalité, telle que Mœbius nous la présente, est une notion purement transcendante, et non un objet d'expérience et d'observation. Ce n'est pas ainsi que doit être biologiquement envisagée la question d'immortalité. Biologiquement, cette question se réduit à celle-ci : Y a-t-il passage de la vie à la mort ? Y a-t-il passage de l'état de matière vivante à l'état de matière morte ? Y a-t-il retour à la matière brute ?

Mœbius est dans l'erreur quand il avance que les cellules reproductrices ne reçoivent d'excitation du dehors, que lorsqu'elles se sont détachées du corps des métazoaires. C'est là une exagération évidente. Les cellules reproductrices prolifèrent, et se multiplient activement dans les organes reproducteurs, bien avant de devenir indépendantes. L'apport abondant des matériaux nutritifs, et les stimulations nerveuses ne leur font pas défaut. Elles travaillent donc aussi bien que les plastides qui se divisent ; et elles marchent comme ces dernières, vers un état d'inertie et de sénescence, dont triomphera seul le rajeunissement par la fécondation.

Pour Mœbius, la sénescence et la mort sont le résultat de l'affaiblissement des réactions qui ont pour siége les cellules ouvrières. Cet affaiblissement est produit par la fatigue des cellules.

La réponse pourrait sembler satisfaisante dans une certaine mesure, s'il était démontré que c'est de la naissance que date précisément la décroissance des réactions de l'organisme, et que la sénescence commence comme le veulent Minot et Mœbius avec les premiers moments de l'existence. Mais, nous verrons que le fait est loin d'être établi ; et dans ce cas, il reste à dire pourquoi les sources d'énergie qui ont suffi pendant un temps important aux réparations de l'organisme et à l'activité de ses réactions, cessent à un moment donné d'être suffisantes, et ouvrent la porte à la sénescence et à la mort.

Mais en supposant même que les pertes datent du début de la vie, il reste encore une question embarrassante. C'est celle de savoir si les excitations extérieures ne sont pas une condition indispensable de la conservation de l'énergie vitale. L'organe qui n'est pas excité à travailler, qui reste sans stimulant et dans l'inertie, s'atrophie et perd sa sensibilité bien plus rapidement que celui qui se trouve dans des conditions contraires. Il faut donc chercher une cause de l'affaiblissement et de la mort en dehors du résultat des excitations du dehors.

Enfin, j'avoue que l'argument tiré de la périodicité de l'action solaire sur notre terre, me paraît plutôt une plaisante défaite qu'un argument vraiment sérieux. Je me garderai bien de nier que cette périodicité n'ait une influence notable sur la marche périodique et rythmique, pour ainsi dire, des phénomènes dont notre planète est le siège ; mais je ne saurais voir clairement pourquoi cette périodicité de l'influence solaire s'oppose absolument à ce qu'il existe une source d'organismes immortels. Immortalité n'est pas rigoureusement synonyme d'*uniformité*, d'*immutabilité* ; et nous pouvons concevoir, me semble-t-il, des organismes qui soient le siège d'une série continue et indéfinie de manifestations périodiques. C'est là une forme de l'immortalité.

CHAPITRE III

Je reviens aux travaux très importants de Maupas sur la multiplication des infusoires ciliés, et sur leur rajeunissement karyogamique (1). Pour la première fois, on trouve dans ce travail la démonstration expérimentale d'une mortalité naturelle de ces animaux et de la nécessité d'une rénovation par voie sexuelle, par conjugaison.

Les infusoires ciliés sont des infusoires microscopiques dont le principal rôle est de faire dans les eaux, contrepoids au développement des ferments et des schizomycètes dont la puissance de multiplication est encore beaucoup plus grande que la leur. Ils les absorbent, les dévorent, et détruisent ces microphytes qui, en pullulant à l'excès, rendent les eaux putrides.

Dans des expériences très bien conduites, Maupas a constaté que ces êtres se multiplient par division, par fissiparité pendant un grand nombre de fois. Tous les êtres résultant de ces divisions sont bien organisés et s'accroissent, se multiplient avec la plus parfaite uniformité. Ils sont tous équivalents, jusqu'à ce qu'après une longue série de ces multiplications agames survienne une *dégénérescence* qui affecte *simultanément* tous les individus du même cycle.

Cette puissance de multiplication agame est énorme. Maupas a calculé qu'une *stylonichia pustulata* ayant

(1) E. Maupas. *Recherches expérimentales sur la multiplication des infusoires ciliés.* Arch. de zool. expérimentale et générale, 1888. *Le rajeunissement karyogamique chez les ciliés.* Arch. de zool. expériment., 1889.

un diamètre de 57 à 58 μ ($\mu = 0^{mm}001$) mesurant un volume de 100,000 μ cubes, c'est-à-dire exigeant 10,000 de ses semblables pour faire un millimètre cube, et 10 millions pour faire 1 centimètre cube, c'est-à-dire environ 1 gramme de protoplasme, peut, en se fissiparant 5 fois en 24 heures à une température de 25 à 26 degrés centigr., enfanter 10 millions d'individus vers la fin du cinquième jour, et 10 billions vers le milieu du septième ; c'est-à-dire qu'une seule *stylonichia* peut produire un gramme de protoplasme en un peu moins de 5 jours et 1 kilogramme en 6 jours et demi.

Si on considère le volume jusqu'à la 150° génération qui peut correspondre à la période de maturité sexuelle, et qui arrivera vers la fin du 30° jour, le total de tous les individus issus de la 150° génération donne un nombre commençant par 1 suivi de 44 zéros ; et tous ces individus réunis en une masse unique représenteraient une sphère 1 million de fois plus volumineuse que le soleil (*sic*). On voit par là quelles sont les énergies moléculaires organiques de ces petits êtres.

Les phénomènes de dégénérescence se manifestent par des dégradations de deux sortes, les unes affectant le corps et les appendices des infusoires, les autres désorganisant leur appareil nucléaire. Elle s'accompagne d'une diminution progressive de la taille, d'un ratatinement et d'une atrophie. Des six cultures conduites par Maupas jusqu'à extinction finale par épuisement sénile, l'une (*stylonichia pustulata*) s'est éteinte après 215 bipartitions, la deuxième (*stylon. pustulata*), après 316, la troisième (*stylonichia mytilus*) après 319, la quatrième (*onychodromus grandis*) après 320 à 330, la cinquième (*oxytricha*) après 320 à 330, et la sixième (*leucophrys patula*) après 660.

Elles prouvent clairement que chez les infusoires ciliés, comme chez tant d'autres êtres vivants, sinon chez tous, l'organisme se détériore et s'use de lui-même, simplement par l'exercice prolongé de ses fonctions. C'est la mort naturelle ou mort par sénescence.

Notons qu'une des premières et plus importantes dégradations de la sénescence chez les infusoires consiste dans l'atrophie d'abord partielle, puis complète des organes de la sexualité, le petit noyau ou micronucléus ; le nucléus régulateur et dominateur des fonctions végétatives se désorganise peu à peu à son tour, les échanges nutritifs diminuent, et l'organisme déformé et ratatiné, meurt par dissolution totale de son être. Telle est la marche de la sénescence amenant la mort naturelle du cilié.

Ces faits très importants semblent à Maupas renverser complètement la théorie de la mort formulée par Weissmann, car cette théorie s'appuie sur l'immortalité des êtres unicellulaires. Puisque, dit Weissmann, il y a des êtres qui ne peuvent mourir que par accident et qui ne connaissent pas la mort naturelle, nous avons le droit d'affirmer que la mort n'est pas en corrélation nécessaire avec la vie. Or, l'exemple choisi par Weissmann semble se retourner contre lui, et démontrer que l'organisme n'étant qu'un mécanisme, se détériore et s'use par le jeu même de ses fonctions *comme tous les mécanismes*. Les êtres vivants s'usent et vieillissent ; et ils périssent parce qu'ils vieillissent. C'est là une loi organique fondamentale, qui a son origine dans d'autres lois d'une généralité bien supérieure, et très probablement dans l'instabilité universelle de la matière.

Telles sont les conclusions de Maupas. Il y ajoute une réfutation de cette assertion de Minot que la sénescence se manifesterait même immédiatement après le début du développement de l'être par le ralentissement du pouvoir de multiplication. Il a en effet vu les divisions se poursuivre avec une activité égale alors même que les dégradations séniles se sont déjà manifestées.

Maupas pense que l'action de la sénescence sur les cellules consiste plutôt dans *l'affaiblissement général de leurs propriétes et fonctions spéciales*. Leurs structures doivent s'altérer avec l'âge, et les mécanismes jouer avec une perfection de moins en moins précise. Le travail physiologique rendu par ces éléments en voie de dégradation diminue graduellement de qualité et de quantité. Ces déperditions fonctionnelles constituent l'essence même de la sénescence, et, en augmentant, entraînent la mort de l'organisme. Mais tandis que Minot place le début de la sénescence immédiatement après la fécondation et dès l'aurore de la vie, pour Maupas elle ne commence que plus tard, lorsque se manifeste l'usure des mécanismes organiques.

L'opinion de Maupas sur la cause de la mort ne diffère pas, on le voit, de celles que nous avons déjà analysées, par une pénétration plus intime dans le cœur de la question. Elle se résume en ceci : Les êtres vivants meurent parce qu'ils ne sont que des *mécanismes* qui se détériorent et s'usent avec l'âge, comme *tous* les mécanismes, par le jeu même de leurs fonctions. Nous verrons que Delbœuf l'avait dit avant lui pour les métazoaires. Les idées de Mœbius sur les cellules ouvrières ne signifient pas autre chose, au fond. Mais c'est là une constatation de l'usure et de la mort plutôt qu'une raison ; et quant à cette assertion que c'est là une loi organique fondamentale qui a très probablement son origine dans l'instabilité universelle de la matière, j'aurais de la peine à y souscrire, car l'instabilité de la matière est une des conditions essentielles de la vie, et il m'est impossible alors de voir une contradiction sérieuse et inévitable entre l'immortalité corporelle et l'instabilité de la matière.

Si nous considérons les expériences et les observations de Maupas, comme représentant actuellement le dernier mot de la science sur cette question de l'immortalité des

protozoaires, il faudrait reconnaître, contrairement à l'opinion de Weissmann, de Gœtte, de Bütschli, que les
infusoires ciliés, et peut-être avec eux, les autres protozaires, loin de jouir de l'immortalité, sont condamnés
comme les métazoaires à vieillir et à mourir, et que pour
eux aussi vie et mort sont deux termes nécessairement
corrélatifs.

Et cependant cette proposition ne me paraît pas conforme à la vérité, à toute la vérité. Elle n'en représente
qu'une partie ; et s'il est vrai de dire que les ciliés connaissent la mort naturelle par sénescence, il faut, pour
être exact, ajouter qu'ils peuvent aussi s'y soustraire et
connaître des *rajeunissements* indéfiniment renouvelés.
Si donc les infusoires ciliés peuvent mourir, ils peuvent
aussi se soustraire à la vieillesse et à la mort ; et elles
ne sont pas pour eux la conclusion fatale de la vie.

Voyons ce qu'est le rajeunissement ?

Déjà d'anciens observateurs tels que Leeuwenhœck,
Baker, etc. avaient vu des ciliés en zygygie et les avaient
considérés comme accouplés sexuellement. Mais, leurs
successeurs avaient cru qu'il s'agissait de divisions fissipares et non de véritables accouplements. Après eux,
O. F. Muller reconnut le vrai caractère de cette association
de deux *paramecium aurelia*. Mais tous ses successeurs
et contemporains refusèrent de le suivre dans cette appréciation ; et ce fut Balbiani (1858), qui eut l'honneur de
rétablir la vérité, et d'affirmer que les infusoires ciliés, se
propagent avec le concours des sexes. Puis vinrent
Engelmann (1864), Stein (1867), qui confirmèrent ces
travaux du savant français. Kœlliker (1864), admit aussi
le fait sous réserve. Bütschli (1876), Engelmann (1876),
montrèrent les points faibles de la théorie, mais sans nier
le fait de la sexualité. Bütschli, en particulier, fit remarquer que la conjugaison des ciliés ne conduit à aucun
phénomène de propagation. Le but de la conjugaison est

un rajeunissement qui se manifeste plus spécialement par le développement et la réorganisation d'un nouveau noyau. Puis viennent les travaux de Jickeli (1884), de Gruber (1886), de Ludwig Plate (1886), de Schneider (1886), de Plate (1888), et enfin ceux de E. Maupas (1889), qui ont fait faire un progrès très considérable à la question. — Voici quels en sont les résultats qui nous intéressent.

Les infusoires ciliés présentent dans leur organisation, ce fait particulier d'être des cellules dans lesquelles l'appareil nucléaire au lieu d'être unique, est subdivisé en deux noyaux placés l'un à côté de l'autre, et présidant chacun à des fonctions distinctes et spéciales. Il y a le nucléus ou macronucléus qui est grand, et qui préside aux phénomènes de nutrition, d'assimilation et de désassimilation, à l'entretien et à l'accroissement des individus, à la vie végétative. Sans lui, le cytoplasme est incapable de vivre et de se réparer. Il veille à la conservation de l'individu.

Le micronucléus ou petit noyau, au contraire, veille à la conservation de l'espèce, et a pour fonction principale, l'entretien des puissances vitales générales. C'est en lui que réside la faculté de rajeunissement qui permet aux infusoires de se propager indéfiniment. C'est encore lui qui sert de substratum aux propriétés héréditaires, et veille ainsi à la transmission des qualités et facultés particulières qui constituent les espèces et les races. Si les infusoires ciliés n'avaient d'autres moyens de maintenir leur espèce, que la division fissipare, ils auraient depuis longtemps disparu sans laisser de trace, puisqu'au bout d'un certain nombre de bipartitions, leur organisme s'use et meurt de vieillesse. Mais, c'est ici qu'intervient la conjugaison qui complète le cycle de leur évolution.

Quels sont les phénomènes extérieurs de la conjugaison? Quelles en sont les causes et les conditions! Quels en sont les phénomènes intimes ? Répondons en quelques mots à ces trois parties d'après les travaux de Maupas.

1º Lorsqu'un groupe nombreux d'infusoires de la même espèce, se trouve remplir les conditions déterminantes de la conjugaison, on voit ces animalcules manifester une assez grande agitation. On les voit aller, venir, changeant rapidement de direction. Ils s'approchent de leurs congénères, les heurtent, s'arrêtent près d'eux, les palpent un instant avec leurs cils, puis les quittent, et finalement, quand deux individus également prêts à l'union, viennent à se rencontrer, ils s'affrontent par leurs extrémités antérieures, puis les deux corps se rapprochent en s'accolant dans toute leur longueur, à l'exception des extrémités postérieures, et l'union se trouve ainsi définitivement effectuée.

Ces manœuvres préliminaires ne durent tout au plus qu'un quart d'heure. On dit alors que les deux gamètes (1) sont en syzigie.

Le degré d'union des gamètes est variable suivant les espèces, depuis une simple juxtaposition, jusqu'à une profonde coalescence entrainant une soudure intime des deux corps.

Quant à la durée de la syzygie, elle varie beaucoup suivant le mode de coalescence des gamètes, et suivant le tempérament particulier de chaque espèce. Si la coalescence est profonde, elle dure bien plus que quand elle est superficielle. Chez certains, le *spirostomum teres*, elle dure de 6 à 8 jours, à une température à laquelle elle ne dure que de 32 à 46 heures pour les paramécies et les stylonichies. La durée est toujours en raison inverse de la température.

2º Quant aux causes et aux conditions de la conjugaison, il est établi que les influences physiques extérieures y

(1) Mot employé pour désigner des êtres inférieurs non différenciés sexuellement, mais aptes à entrer en conjugaison.

sont totalement étrangères. Elle ne dépend que des conditions internes, dont l'une est simplement occasionnelle et les autres sont organiques.

La condition occasionnelle peut se formuler ainsi : Les infusoires arrivés à maturité karyogamique, s'accouplent seulement lorsqu'ils sont privés de nourriture. Tant qu'ils sont pourvus d'aliments ils ne s'accouplent pas ; si on les fait jeûner, ils se recherchent et s'unissent immédiatement. Une riche alimentation endort donc chez eux l'appétit conjugant ; le jeûne, au contraire, l'éveille, l'excite. Ce sont là d'ailleurs des manifestations d'antagonisme entre la nutrition et la reproduction qui ont une grande généralité dans le monde végétal et dans le monde animal, et qui, par conséquent, doivent avoir une grande signification physiologique. Maupas dit qu'on n'a pu donner de ce fait aucune explication satisfaisante. Mais le fait n'en est pas moins réel.

Quant aux causes et conditions organiques de la conjugaison, elles ont trait aux trois chefs suivants :

1° L'évolution en cycle des générations ;

2° La maturité karyogamique ;

3° La fécondation croisée.

Nous avons vu que les ciliés disparaîtraient si leur reproduction n'était basée que sur la division fissipare, puisque la vieillesse et la mort en sont la fin. Pour qu'il n'en soit pas ainsi, il faut que le cycle soit complété par une sorte de fécondation sexuée, par la conjugaison.

Ainsi survient toujours dans la série des générations agames des infusoires ciliés, et avant que la décrépitude sénile les ait atteints, une période de maturité karyogamique ou de puberté. C'est pendant cette période seulement que peuvent s'effectuer les accouplements féconds. Cette période varie suivant les espèces. Elle s'étend par exemple chez la *leucophrys patula* jusque vers la 450ᵉ génération ; pour la *stylonichia pustulata*, vers la 170ᵉ ou 180e génération. Après cette période apparaissent les signes de dégénérescence sénile.

Il n'existe pas de caractère morphologique particulier du début de la période de maturité fécondatrice.

Enfin la troisième condition, celle de la fécondation croisée, est très digne d'attention, car il en résulterait que les infusoires mûrs ne se conjuguent qu'entre les individus mélangés appartenant à des cycles distincts. Sur les préparations d'individus proches parents et non mélangés, la conjugaison ne s'est pas produite. Elle ne s'est produite entre proches parents que plus tard, quand survenait la dégénérescence sénile. C'étaient donc des unions pathologiques, non naturelles, et qui n'ont pas produit chez les conjugués les effets heureux de la conjugaison. Ces exconjugués consanguins, après s'être désunis, se désagrégeaient et mouraient.

Quant aux phénomènes internes de la fécondation, ils sont trop compliqués pour que je veuille ici les suivre pas à pas. Il nous suffit de savoir qu'ils se résument en ceci : Une évolution du micronucléus et l'élimination partielle ou complète de l'ancien macronucléus.

L'évolution micronucléaire comprend plusieurs stades dont les principaux sont les suivants :

Il y a d'abord un accroissement du micronucléus. Puis il se divise successivement à deux reprises, ce qui produit quatre petits noyaux.

De ces quatre, trois sont éliminés comme corpuscules de rebut. Le quatrième se divise de lui-même et forme ainsi un pronucléus mâle et un pronucléus femelle. Les deux conjugués échangent les pronucléus mâles qui vont entrer en copulation avec le pronucléus femelle de leur nouvel hôte. De là résulte pour chaque conjugué un nouveau noyau qui est le noyau fécondé ou de rajeunissement,

Ce noyau va se diviser deux fois consécutives ; d'où

résulteront pour chaque conjugué quatre petits noyaux dont les uns grandissent et deviennent le macronucléus nouveau, et les autres restant petits forment le nouveau micronucléus.

Ainsi donc, disparition du micronucléus, diminution de la masse du micronucléus par l'élimination des corpuscules de rebut, division de ce dernier en deux pronucléus mâle et femelle, échange réciproque des pronucléus mâles qui vont copuler avec le pronucléus femelle de l'autre conjugué, et enfin reconstitution par ce noyau de copulation de l'appareil nucléaire double de l'être rajeuni.

A partir de ce moment, l'infusoire cilié a récupéré sa première jeunesse; il se sépare de son congénère, il reprend sa vie antérieure, se met à se diviser et recommence un cycle égal à celui qui a précédé la conjugaison. Si avant la fin de ce cycle l'infusoire, ayant atteint la maturité, se conjugue de nouveau, il acquiert encore une force égale, et ainsi de suite indéfiniment.

Ainsi donc, à ne considérer que les infusoires ciliés, on peut formuler la proposition suivante :

« Le but suprême de la fécondation est la rénovation, » la reconstitution d'un noyau de rajeunissement formé » par la copulation de deux noyaux fécondateurs d'ori- » gines distinctes et dont les éléments chromatiniens » représentent la partie essentielle. »

Ce nouvel appareil agit sur tout l'organisme comme une sorte de ferment régénérateur, lui restituant sous leur forme parfaite et intégrale, toutes les énergies vitales caractéristiques de l'espèce. Cet être est donc rajeuni dans le sens littéral et absolu du mot; il peut devenir l'auteur d'un nouveau cycle de multiplications agames; et les cycles évolutifs des ciliés peuvent se succéder ainsi à l'infini.

Il est tout à fait digne de remarque que la fécondation chez les ciliés se résume en une simple rénovation nu-

cléaire des conjoints, car elle n'aboutit pas à la multiplication ou à la production d'un être nouveau. Il n'y a pas
à proprement parler de progéniture ; il n'y a qu'un rajeunissement des progéniteurs. Ainsi donc fécondation et
reproduction ne sont pas deux phénomènes indissolublement liés l'un à l'autre. Chez les ciliés, en effet, la
reproduction est agame, tandis que la fécondation ne
donne pas de reproduction.

Bien plus, ces deux processus semblent être opposés,
car l'alimentation abondante est la condition de la reproduction ou division ; tandis que c'est la disette qui est la
condition de la fécondation. En outre, ces deux processus sont exclusifs l'un de l'autre. Quand la fécondation
a lieu, la division fissipare s'arrête et s'interrompt.

La fécondation chez les métazoaires paraît avoir une
toute autre fin, et semble être un véritable phénomène de
reproduction. En effet, chaque acte de fécondation est
suivi chez eux de la reproduction ; mais ce n'est là qu'une
apparence. Chez les métazoaires aussi, la fécondation et
la reproduction sont deux phénomènes entièrement
distincts.

Il faut en effet considérer que la fécondation n'est aussi
que le rajeunissement par copulation de deux êtres pré-
existants, l'ovule et le spermatozoïde. L'un et l'autre de
ces deux éléments sont des individualités de même ordre ;
ce sont deux cellules germinatives, homologues de deux
êtres monocellulaires.

Leur existence indépendante et leur individualité sont
masquées par la masse du corps dont elles semblent
constituer une des parties. Mais ce sont des cellules qui
ont en elles la puissance de constituer un nouveau cycle,
et qui correspondent par conséquent aux infusoires ciliés
ayant atteint leur phase de maturité karyogamique. Ils
sont les uns les autres des individus correspondant au
début d'un nouveau cycle.

Mais il y a ceci de remarquable que dans tout le règne végétal, et chez tous les métazoaires, la fécondation non seulement ne produit pas un être nouveau, mais supprime même un des conjoints. La cellule mâle en effet, le spermatozoïde y perd son individualité, et est absorbé par la cellule femelle. C'est d'ailleurs un fait que l'on observe chez quelques infusoires ciliés, les vorticellides, où l'un des deux conjoints, la microgamète est absorbé par la macrogamète.

Une preuve de l'indépendance de la fécondation et de la reproduction se trouve encore chez les métazoaires, dans le fait de la parthénogénèse. Que voit-on là en effet ? Des cellules germinatives femelles qui se développent sans fécondation.

La reproduction et la fécondation sont partout des phénomènes entièrement distincts. La reproduction ne se fait en réalité que par voie agame, par division ; et cette reproduction a son siège dans l'ovaire, dans le testicule du métazoaire, en dehors de toute fécondation. Dans ces amas de cellules germinatives, il se fait des divisions, des bipartitions pendant toute une partie de la vie qui correspond à la phase reproductrice. Mais cette reproduction a des limites, cette division s'arrête, et les cellules ainsi formées finiraient par vieillir et tomber en caducité. Mais alors survient la fécondation qui les rajeunit et leur permet de recommencer un nouveau cycle. Comme l'a bien dit E. Van Beneden : « Chez les animaux et les plantes, « les seules cellules capables d'être rajeunies sont les « œufs ; les seules capables de rajeunir, sont les spermatocytes. Toutes les autres parties de l'individu sont « vouées à la mort. La fécondation est la condition de la « continuité de la vie. »

Les données si intéressantes que viennent de nous fournir les beaux travaux de Maupas, semblent permettre une conclusion que Grûber (de Fribourg en Brisgau) et Nussbaum en ont tirée, et contre laquelle proteste vivement Maupas lui-même.

D'après Grûber en effet, les expériences de Maupas démontreraient l'immortalité des ciliés. Oui, il y a une mort naturelle pour les ciliés qui restent étrangers au rajeunissement karyogamique. Mais pour ceux que des circonstances contraires favorisent, la mort naturelle est évitée, le rajeunissement est produit, et l'être continue son existence, qui peut ainsi se renouveler à l'infini.

Mais, répond Maupas, y a-t-il là *continuité parfaite* et *identité absolue* entre les deux corps, le corps de la gamète primitive et le corps du rajeuni ? Pas le moins du monde, ajoute-t-il. Grûber oublie tous les changements survenus dans cet ex-conjugué : l'ancien macronucléus désorganisé et éliminé, le micronucléus rejetant la majeure partie de sa substance pour aller s'unir avec le micronucléus d'un autre être qui a subi les mêmes pertes; et enfin le nouveau macronucléus et le nouveau micronucléus se développant aux dépens de ce noyau mixte. Il y a donc incorporation directe d'un élément étranger qui conserve sa structure intime et ses propriétés ; et c'est uniquement cette incorporation qui produit le rajeunissement. Il n'y a donc pas *identité* entre cet ex-conjugé et la gamète primitive.

Tout cela est fort exact ; et je suis avec Maupas, s'il considère qu'il y a dans ces faits, une objection sérieuse contre la théorie de Nussmaum et de Weismann de la continuité d'un plasma germinatif immortel, puisqu'il n'existe chez ces protozoaires aucune partie, aucun élément, qui par lui-même, en vertu seulement de ses propres facultés, et sans l'intervention d'un acte spécial, puisse se maintenir et vivre indéfiniment. Mais il faudrait cependant s'entendre, et savoir ce que l'on entend par immortalité, et sur ce qu'il convient en biologie d'entendre par immortalité.

L'immortalité ce me semble, c'est la continuité indéfinie de vie, sans arrêts, sans interruption, c'est l'être vivant restant dans le courant de la vie, sans devenir une dépouille, un cadavre. Les changements et les métamorphoses ne font rien à la chose. Le cadavre seul, la dépouille, la dissolution de l'être, sa disparition de l'ordre des vivants, voilà ce qui seul est la négation, le contraire de l'immortalité.

Il y a eu des tranformations très complètes, dit Maupas ; il y a eu apport d'un élément étranger qui conserve sa structure et ses propriétés ; il y a eu transformation et métamorphose, sans doute ; mais y a-t-il eu cessation et interruption de vie ? Évidemment non. Pas plus que dans les transitions d'une phase à une autre, qui constituent le développement des germes, les transformations des larves en nymphes, et de celle-ci en insecte parfait ; pas plus que, quand par une greffe naturelle ou artificielle, une portion étrangère provenant d'un être vivant est apportée et attachée à un autre être vivant.

Pour Maupas, affirmer qu'il y a identité parfaite entre les ciliés, avant et après leur karyogamie, semble aussi inadmissible que si l'on prétendait que les éléments d'un acide ou d'une base fusionnés ensemble pour constituer un sel, se retrouvent encore avec leur personnalité dans ce sel. Mais la comparaison de Maupas n'est pas juste ; l'acide et la base se combinent entre eux, de telle sorte que toutes les molécules de l'un, se combinent avec les molécules de l'autre. Il n'y a rien, ni de l'un ni de l'autre des deux corps qui soit resté libre de cette combinaison. Mais chez les ciliés, le cas est différent, puisque Maupas a bien observé que l'échange et la fusion pouvaient se borner, et se bornaient parfois aux petits pronucléus. Presque toute la masse du corps conserve donc son intégrité, sa continuité et son identité. En outre, le sel formé ne ressemble en rien, ni par les qualités physiques, ni par les propriétés chimiques à l'un ou à l'autre des deux éléments acide ou base. Ici, au contraire, les deux corps des ex-conjugués ont la forme des anciens gamètes, les mêmes caractères essentiels, les mêmes besoins physiologiques, les mêmes fonctions et la même faculté de se diviser. A cet égard, il n'y a entre l'ancien gamète et les ex-conjugués, qu'une différence de degré, le gamète ne pouvant fournir qu'une série de divisions successives inférieure à celle dont est susceptible l'individu rajeuni.

On voit donc que l'analogie existe à peine entre les deux cas et que la comparaison invoquée par Maupas, n'a pas dans la circonstance la rigueur d'un argument.

On pourrait me semble-t-il faire une comparaion plus exacte, quoiqu'elle ne le soit pas encore d'une manière absolue. Un coureur appelé à fournir un parcours considérable commence à éprouver une certaine lassitude, qu'il ne saurait laisser croître indéfiniment sans compromettre sa santé et sa vie. Il faut qu'il renouvelle la source de son énergie. Il s'arrête et reçoit par transfusion une quantité de sang pris sur un autre homme et qui est propre à lui redonner ce qu'il a perdu. Le sang de celui-ci, liqueur et globules sont incorporés dans la masse sanguine du premier. Les globules du second se placent à côté de ceux du premier et conservent probablement leur individualité, leur structure intime et leurs propriétés. Cette opération faite, le coureur reprend sa marche et peut fournir sans faiblir une nouvelle étape.

Pourrait-on, dans ce cas, dire qu'il n'y a pas continuité et identité entre le coureur avant la transfusion, et le coureur après la transfusion? Je ne le pense pas, et quoique, je le répète, il n'y ait pas une exactitude absolument rigoureuse entre les deux termes comparés, tranfusion sanguine réconfortante, et rajeunissement des ciliés, il y a dans l'ensemble, dans le fait général, assez de ressemblance pour qu'on puisse en tirer des conclusions communes dans le cas que nous discutons.

Qu'on me permette une autre comparaison :

Une femelle d'animal est fécondée ; les phénomènes intimes et complexes de la fécondation ont pour siège une partie de l'organisme. Quelque temps après, elle pond. Elle a reçu un élément étranger, l'élément fécondant ; elle a rejeté une portion d'elle-même, l'œuf, ou l'élément fécondé. Y a-t-il identité *absolue* et continuité *parfaite* entre cette femelle avant et après la fécondation ? Évidemment non ; et cependant il y a une identité relative suffisante, pour qu'on puisse dire qu'il y a identité et continuité. L'identité physiologique et biologique est chose relative, car l'identité *absolue* et la continuité *parfaite* ne sauraient exister dans le domaine si mouvant de la vie.

Il n'y a pas continuité parfaite et identité absolue, c'est vrai ; mais quel est le corps vivant, chez lequel l'on puisse retrouver rigoureusement ces conditions, même après quelques instants d'intervalle. Partout dans l'être vivant, il y a transformation, il y a remplacement, il y a apport de parties nouvelles qui réagissent sur la vitalité de l'être, et rejet de parties dont la possession ne convient plus à l'être. Partout il y a instabilité et variation. Mais cela n'exclut certes pas la continuité et l'identité, dans la mesure que comporte le milieu vivant.

Weismann a-t-il eu tort de croire trouver chez les *infusoires ciliés*, la continuité d'un plasma germinatif immortel ? Oui et non. Il a eu tort quand il a pensé que ce plasma était en possession d'une immortalité qui n'exigeait de sa part que de se laisser vivre, et dont aucun effort, aucun acte spécial n'avait besoin de renouveler la source. Mais il a eu raison, en ce sens que le plasma des infusoires ciliés, *considéré en général*, a certainement en lui le pouvoir de renouveler indéfiniment sa faculté de vivre, puisque sans avoir recours à quelque chose qui n'est pas lui, il peut par

une association fraternelle, dirais-je, par une combinaison
des volontés et des actes des semblables, acquérir l'immortalité. Et au fond peut-être l'acte restaurateur de la
conjugaison, doit-il être considéré simplement comme le
plus efficace et le plus merveilleusement puissant des
moyens qui servent dans tout le cours de la vie, à réparer
les forces de l'organisme. Je sais bien que telle n'était pas
au fond, la pensée de Weismann ; mais il me semble qu'il y
a là quelque chose qui s'oppose à ce qu'on considère
comme absolument fausse la conception du savant naturaliste de Fribourg.

Le plasma des infusoires ciliés n'est pas directement
immortel ; mais il peut acquérir cette immortalité par des
associations interplasmiques, dirai-je. L'immortalité est
chez lui en puissance ; le rajeunissement karyogamique la
traduit en acte ; elle en fait une réalité objective. Que
l'immortalité résulte d'un pur état de l'être, ou qu'elle
tienne à un renouvellement indéfiniment répété de la
faculté de vivre, elle n'en est pas moins l'immortalité.

Et savons-nous d'ailleurs si dans le monde spirituel,
l'immortalité n'est pas également fondée sur un renouvellement continu de la volonté de vivre, je veux dire
de *bien vivre ?*

Delbœuf, professeur à l'Université de Liège, dans
un Essai très intéressant, *La matière brute et la matière
vivante*, paru d'abord en 1884 dans la *Revue philosophique de la France et de l'Étranger*, et publié ensuite en
1887, comme volume de la *Bibliothèque de philosophie
contemporaine*, Delbœuf dis-je, a abordé le problème de
la vie et de la mort. Nature indépendante et primesau-
tière, esprit brillant et riche où se trouve une agréable
association de l'amour de raisonner et d'une grande sensibilité, stimulé en outre par une vive curiosité scientifique, doué d'une riche imagination et d'une remarquable

facilité de construction, Delbœuf a essayé de jeter sur
ces questions délicates entre toutes, des aperçus nouveaux et des conceptions originales. A bien des égards il
y est parvenu. C'est pourtant par l'abondance et l'inat-
tendu des aperçus, par l'envolée des choses imaginées,
par l'éclat et la couleur des horizons, que frappe ce brillant Essai. Un critique chagrin pourrait lui demander
plus de cohérence, un enchainement plus sévère et une
biologie mieux informée.

Je n'ai pas le dessein de faire ici, de ce livre si touffu
et si suggestif, une analyse et une critique complètes.
Mon collègue Dauriac, s'est acquitté de cette tâche dans
la Revue philosophique d'août 1889, de manière à rendre
mon intervention inutile. Je ne puis cependant me borner
à renvoyer le lecteur à l'examen de cette pénétrante critique. Les idées de Delbœuf ont leur place naturelle dans
cet essai sur la vie et sur la mort ; mais je circonscrirai
mon examen à la part biologique du livre de Delbœuf
qui a directement trait à la question qui nous occupe.

Au reste, Delbœuf vient de reprendre la question
de la vie et de la mort, dans un article de la *Revue philosophique*, sous ce titre : *Pourquoi mourons-nous ?* (1).

Les travaux de Maupas, dont il vient d'être question,
et la critique de Dauriac (*La doctrine biologique de
M. Delbœuf*), l'ont mis dans l'obligation de modifier
quelques-uns de ses aperçus. Dans son premier travail,
il croyait avec Weismann que les protozoaires monocellulaires pouvaient se propager indéfiniment par division, sans connaître jamais la sénescence et la mort
naturelle. La démonstration faite par Maupas de la sénescence fatale des infusoires ciliés, qui ne se conjuguent
pas, a nécessairement apporté quelques changements dans
les vues de Delbœuf. Elle l'a conduit dans tous les cas,

____

(1) *Revue philosophique de la France et de l'Etranger*, mars et avril 1891

à chercher de cette sénescence une explication, que rien ne rendait nécessaire dans le premier état de la question.

Quoique la première publication de Delbœuf soit antérieure aux travaux de Maupas, j'en ai renvoyé l'examen après celui des études sur la multiplication des infusoires ciliés, afin de pouvoir mieux suivre et mieux indiquer l'évolution subie par les idées de Delbœuf.

En fait de cosmogonie biogénique, Delbœuf ne suit pas les chemins battus. Il ne croit pas que la matière vivante ait eu, un jour, pour origine une modification de la matière minérale ; il ne croit pas à la possibilité de la génération spontanée. Plus radical que Preyer qui, pour éviter l'objection résultant des expériences contraires à l'hétérogénie, pense que la matière vivante est née en même temps et à côté de la matière minérale, Delbœuf pense que la matière vivante a précédé la matière minérale, que la nature a été d'abord formée de parties toutes vivantes. « Rien que des atomes, dit-il, » vivants, sensibles, doués de volonté et de liberté, c'est- » à-dire se mouvant en sachant qu'ils se meuvent, ou plus » exactement, suspendant leurs mouvements, ou sachant » qu'ils les suspendent » (1). Ensuite ces atomes contractèrent des unions fortuites et fugitives, qui entrèrent en lutte les unes avec les autres ; et puis, les plus intelligentes se maintinrent le plus longtemps, jusqu'à ce que vaincues par de plus intelligentes, elles disparurent à leur tour.

Mais tout changement ne se fait pas sans dépense. Tous ces progrès ont nécessité la précipitation de l'instable (c'est ainsi que Delbœuf désigne la matière vivante) en stable (matière brute ou minérale) ; et de là l'origine et l'accroissement continu de la masse stable à côté de la masse instable. La masse stable croissant toujours aux

(1) *Revue philosophique*, avril 1891, p. 411.

dépens de cette dernière, la destinée future de notre monde est la disparition fatale de la vie dans une morne et stérile stabilité. Triste perspective, dont Delbœuf nous console cependant, par l'assurance du triomphe définitif et sans bornes de la pensée qui, ayant repris peu à peu possession de tous ses produits, et ayant tout reconquis, pourra se reconnaître et se contempler dans son œuvre, *s'identifier* avec l'univers dans un acte de *conscience suprême* et *infini*, et dire du moindre atome : « Il est à moi » (1).

Pourquoi toute cette cosmogonie retournée qui entraîne des conséquences des plus contestables et qui est elle-même sujette à tant de graves objections ? Uniquement parce que la cosmogonie évolutionniste ordinaire, celle qui va de l'inférieur au supérieur, de l'homogène à l'hétérogène, du monde minéral au monde vivant, *présente un point faible :* la génération *spontanée*, que la science contredit par ses expériences les plus décisives.

On ne s'attendait probablement pas à un pareil motif de la part d'un penseur qui proclame bien haut qu'il n'y a pas de différence fondamentale entre la matière brute et la matière vivante, que la vie et la sensibilité sont partout, qu'il n'y a que des différences de degrés, qu'entre les combinaisons relativement stables de la matière brute et les composés essentiellement instables de la matière vivante, *il n'y a pas même une ligne de démarcation tranchée* (2), que « ce que nous considérons comme non vivant *vit*, mais d'une vie peu apparente, et voilà *pourquoi il peut engendrer le vivant* » (3), qu'entre le vivant, l'organique et l'inorganique il n'y a qu'une différence de degré et non une différence de nature, qu'il n'y a pas de différence essentielle entre *l'organique* et *l'inorganique*,

(1) Delbœuf. *La mat. brute et la mat viv.*, p. 177.
(2) *La mat. brute et la mat. vivante*, p. 44.
(3) Id., p. 44.

et *qu'ils peuvent se transformer l'un dans l'autre*, bien que de lui-même l'inorganique ne puisse reproduire l'organique (1).

Delbœuf admet donc des atomes, vivants, sensibles, doués de volonté et de liberté ; il admet que de leur agrégation sont résultés un grand nombre d'apparitions fugitives, d'êtres vivants, incapables de se reproduire, des individus, et qu'enfin sont arrivés *les vrais êtres vivants*, doués du pouvoir générateur, et représentant la permanence et la loi, l'espèce.

Que d'articles de foi sans données scientifiques, sans preuves, contredits même par ce que nous enseigne l'astronomie physique sur l'état primitif de notre planète, de notre système solaire ! et tout cela pour ne pas adhérer à un autre et *unique* article de foi, la génération spontanée, qui, si elle n'a pas pour elle l'expérience actuelle, a du moins en sa faveur la raison et la logique des déductions. La science actuelle et ses *expériences les plus décisives* nous montrent-elles *aujourd'hui* ces atomes vivants, sensibles, doués de volonté et de liberté ? Non, au sens qu'admet spécialement Delbœuf. Et alors de quel droit les place-t-il à l'origine de la vie ? lui si résolu à éviter toute contradiction avec la science actuelle. Oui, au sens où se place encore Delbœuf, et où je me place moi-même, quand nous considérons l'un et l'autre la vie comme répandue partout et la matière même minérale, comme possédant en puissance et en activité sourde tous les attributs de la vie. Que sont d'ailleurs ces êtres vivants, ces apparitions incapables de se reproduire par génération, sinon des combinaisons de l'ordre inorganique ? et que faut-il penser de cette phrase de Delbœuf ? « Il fut un

(1) Id., p. 46. « De même, dit Delbœuf, que le mouvement peut se transformer directement en chaleur, mais la réciproque n'a pas lieu ». Mais qu'est-ce donc que *la vaporisation*, si non la transformation directe de la chaleur en mouvement ?

temps certainement (et probablement ce temps existe encore pour d'autres mondes que le nôtre), il fut un temps où le protoplasma, pour se former, n'avait pas besoin d'un protoplasma préexistant ». Que faut-il dis-je penser de cette phrase, si ce n'est que Delbœuf est hétérogéniste sans le savoir, ou sans le vouloir ?

Delbœuf me fera remarquer que le protoplasma primitif se formait de ces atomes ou de ces particules vivantes, privées du pouvoir générateur. Mais ces particules douées de vie, de sensibilité, de volonté et de liberté, diffèrent-elles *foncièrement* des particules de la matière brute. Ont elles quelque chose qui manque *absolument* à ces dernières ? Delbœuf ne pourrait le penser sans se mettre en contradiction avec lui-même. Il n'y a donc pas de saut à faire pour passer des unes aux autres. C'est une affaire de degré, s'il est vrai même qu'il y ait degré. Car Delbœuf qui les prive du pouvoir générateur, ne consent pas pour ce motif à les ranger dans les *vrais* êtres vivants. Ces faux *êtres vivants*, ces *pseudo-vivants* qui se transforment en protoplasme me paraissent sentir fortement l'hétérogénie.

Quant à la fin de l'univers dans le stable et l'impuissant, je serais rassuré à la pensée que cette mort, qui n'a peut-être de réalité que dans la logique spéculative de Delbœuf, sera du moins compensée par le triomphe, par le règne de l'esprit, (c'est-à-dire de la vie), s'il ne me venait de ce côté quelques préoccupations. Je ne suis pas en effet sans inquiétude pour cet esprit maître de tout, appelé à régner sur une matière qui s'est engloutie toute entière dans le gouffre du stable et qui condamne par cela même l'esprit à l'impuissance.

Il ne faut pas oublier en effet que pour Delbœuf, il y a entre le physique et le psychique de l'être des liens si étroits, que l'identité du second est nécessairement liée à la fixité d'une portion au moins du premier, que pour lui

encore (et avec raison à mon avis), les perfectionnements
de la matière instable sont, dans la nature actuelle, la
condition nécessaire des perfectionnements de l'esprit.
« C'est de cette façon dit-il que l'intelligence va s'affi-
nant, parce qu'elle a de jour en jour à sa disposition, des
organes plus perfectionnés ».

De telles vues comportent, me semble-t-il, un parallé-
lisme entre l'évolution ascendante de la pensée, et celle de
la matière, et nous ne pouvons concevoir le triomphe
final d'une pensée à laquelle on ne laisse pour organe
définitif qu'une matière stabilisée et non vivante.

Après ce coup d'œil trop rapide sur la manière dont
Delbœuf conçoit l'origine de la vie, examinons ce qu'il
pense du pourquoi de la mort. A cet égard, les idées de
Delbœuf ont une histoire, car elles ont présenté plusieurs
phases successives.

Lors de son premier mémoire, Delbœuf se rattachant aux
idées de Weismann, considérait les protozoaires comme
non susceptibles d'une mort naturelle. Pourquoi cette différence entre les métazoaires et les protozoaires ? Chez les
métazoaires, à côté des cellules propagatrices qui, comme
les protozoaires, sont douées d'une immortalité potentielle,
il y a les cellules du corps, cellules somatiques de Weismann. Ces dernières sont appelées à mourir. Pourquoi?
Weismann dit que c'est parce qu'à un moment donné,
elles sont inutiles et constituent une dépense de luxe.

Pour Bütschli, cela vient de ce qu'elles ont perdu par
usure leur ferment vital et de ce qu'elles ne peuvent le
renouveler. Cholodkowsky pense que l'état pluricellulaire
de l'organisme métazoaire, ouvre la porte à une lutte pour
l'existence entre les cellules, qui conduit à la ruine et à la
mort. Pour Mœbius, les cellules du corps, ou cellules ouvrières usent leur sensibilité au contact du monde extérieur, et arrivent ainsi à l'inertie et à la mort.

Pour Delbœuf, la mort est une conséquence de la *localisation des fonctions* dans un *mécanisme*. Ce mécanisme formé de la matière *fixe et immuable*, ne peut se réparer. Il a avec les machines ordinaires des analogies frappantes. Premièrement la nécessité pour lui comme pour toute machine, de ne travailler qu'à la condition de consommer de la force. Secondement de ne savoir faire qu'une chose, mais de la faire bien et sans effort ; et en troisième lieu, d'être sujet à l'usure et de devenir à la longue, impropre à l'usage. « Et voilà pourquoi, dit Delbœuf, tout ce qui vit, vieillit et meurt ; la mort n'a pas d'autre cause ». C'est ce qu'a dit à son tour Maupas, en des termes presque semblables. Quant aux protozoaires, ils ne meurent point, ce qui ferait supposer que Delbœuf les considère comme exempts de *mécanisme !* On peut en dire autant des cellules propagatrices.

Toutefois, et avec raison, cette explication ne satisfait pas Delbœuf. Outre qu'il est difficile de concevoir *l'usure* et la *vieillesse* d'une matière *immuable* et *fixe* « qui n'est pas *vivante*, puisqu'elle n'est pas changeante, qui n'a besoin de rien » ; il faut convenir qu'il serait bon de donner de cette usure une explication. La constater n'est pas l'expliquer. Delbœuf est disposé à reconnaître dans son dernier mémoire, que la comparaison des machines, prise « au sens littéral » ne dit rien qui vaille. Les raisons qu'il donne de cette volte-face sont loin de me paraître excellentes ; il croit la justifier en signalant entre les machines vivantes et les machines ordinaires, des différences qui sont médiocrement fondées. Chez les machines ordinaires en effet, il y a comme dans les machines vivantes, des *altérations de la matière* même, dont elles sont faites, et pas seulement des *usures par frottement* et *des déformations par effort*. Pour justifier son changement de front, Delbœuf fait encore remarquer qu'un organe qui ne travaille pas, devient bientôt inapte à fonctionner. Mais c'est ce qui se passe aussi parfois dans les machines ordinaires. Seulement le résultat est fatal dans les organismes et il se produit plus promptement. La vraie différence a établir dans le cas actuel, c'est que la machine vivante a donné la preuve pendant une période plus ou moins longue de son existence, qu'elle était capable, non seulement de se réparer elle-même, mais de se perfectionner et de s'accroître. C'est ce que ne font pas les machines ordinaires ; et il convient de dire pourquoi cette précieuse faculté qui distingue les machines vivantes, s'éteint un jour en elles.

Claude Bernard (*De la Physiologie générale 1872*), a senti cette lacune et a essayé de la combler par une raison qui n'explique rien, et qui recule à peine la difficulté. « L'organisme une fois développé, dit-il, constitue « une machine vivante, qui, en même temps qu'elle se « détruit et s'use sans cesse par l'exercice de ses fonctions, « se répare et se maintient, au moyen des phénomènes « de nutrition, pendant un temps variable, *mais dans des* « *limites que la nature lui a tracées à l'avance.* »

Quelle est la raison et la nature de ces limites ? C'est ce qu'il eût fallu dire.

Voici la réponse que propose Delbœuf :

« Le dépérissement de la matière vivante est d'une « nature spéciale : il est dû à ces lois physiques et chi-« miques, qui veulent que les substances organisées se « stabilisent, qu'elles se transforment de plus en plus en « matière homogène organique, puis en matière brute. « Voilà ce qui fait mourir les machines vivantes, même « ne travaillant pas ; voilà comment opère le temps ». Il attaque aussi bien que l'usage, les appareils que nous fabriquons avec le bois, le caoutchouc, les peaux, les boyaux, l'ivoire, etc. ; de la même façon il transforme les cartilages en os et les os en phosphate de chaux... « A » un certain moment, la nourriture qui d'abord avait une

» vertu formatrice, n'a plus qu'une force réparatrice, et
» finalement elle est débordée par la *puissance sédative*
» du temps qui précipite toute chose vers *le stable*, vers
» *l'immuable* et *l'immobile* ».

Oui, dirons-nous, avec Delbœuf « le dépérissement de
la matière vivante est d'une *nature spéciale* ». Aussi ne
la comparerons-nous pas tout à fait comme lui à l'usure,
à la détérioration des appareils construits avec le bois, le
caoutchouc, les peaux, l'ivoire, etc., substances mortes et
placées en dehors du courant constructeur et réparateur
de la vie.

Pas plus que dans la comédie, le temps ici *ne fait rien
à l'affaire*, car Delbœuf oublie que, quand il s'agit de
la vie, le temps qui permet l'usure et la destruction, est
aussi une des conditions de la réparation et de la recons-
truction. Ai-je besoin de rappeler que si, avec le temps,
l'instable se précipite dans le stable ; avec le temps aussi
du stable est entraîné dans le courant de l'instable.
Delbœuf a tort de croire que le fait soit *exactement assi-
milable*, comme *conditions*, à ce qui se passe en chimie
minérale dans les cas de double décomposition, cas où il est
possible que l'on n'obtienne de l'instable qu'en précipitant
une somme de stable supérieur à celle de l'instable formé.
Quand on fait passer du chlore en excès dans une solution
d'ammoniaque, il se forme une substance éminemment
instable, le chlorure d'azote, et une substance assez stable
l'acide chlorydrique qui formera avec l'ammoniaque, du
chlorhydrate d'ammoniaque. Mais, dans le domaine de la
vie les choses se passent autrement. La production de
l'instable se fait le plus souvent par synthèse directe et
non par double décomposition, et elle est *fonction directe*,
non pas tant des réactions susceptibles de donner du
stable, que de la *source solaire*. Aussi la production
d'instable est-elle une dépense plutôt pour cette source
située hors de l'organisme que pour l'organisme lui-même.

Ce qui le prouve c'est qu'à un moment donné, la somme de l'instable croît dans l'organisme bien plus rapidement que celle du stable, et qu'il y a croissance et multiplication.

Il faut distinguer dans le mouvement vital deux moments distincts : 1° le moment de la construction de la matière vivante, qui se fait par synthèse sous l'influence de l'amorce, influence qui dérive *directement* de la force solaire. Cette phase peut se concevoir sans précipitation de stable terrestre.

2° Le moment de l'action des manifestations fonctionnelles, (sensations, mouvements, sécrétions, etc.), qui exigent la précipitation de l'instable de l'organisme en stable organique ou minéral.

Le premier moment ne saurait évidemment être invoqué comme cause de la mort et de la destruction, et quant à l'effet du deuxième, il peut être compensé et plus que compensé par les effets du premier, et ne saurait non plus donner à lui seul une explication satisfaisante de la mort. Il faut donc chercher ailleurs la cause de la mort de ces animaux que Delbœuf considère comme comparables à des machines, c'est-à-dire les métazoaires.

Mais, les êtres monocellulaires, les germes qui sont susceptibles de mourir, et qui meurent dans certains cas, (Maupas l'a démontré pour les ciliaires), quelle est la cause de leur mort ?

Delbœuf ne saurait ici invoquer, ni *l'usure* du mécanisme, puisque pour lui le mécanisme est le résultat de la localisation des fonctions dans des cellules somatiques qui font défaut chez les protozoaires monocellulaires, ni la précipitation fatale et inévitable de l'instable en stable, puisque ces corps monocellulaires peuvent par rajeunissement échapper à la mort.

Pour expliquer la mort des infusoires ciliés, Delbœuf ne veut point qu'on la considère, avec Maupas et Minot, « comme l'effet d'une *altération sénile* de leurs éléments

« provenant d'une cause interne, ce qui rendrait inex-
« plicable le maintien inaltéré de l'espèce, mais comme
« l'effet d'une *déséquilibration* de leur organisme due à
« une sorte de *contrainte physique extérieure mathémati-*
» *quement fatale.* »

Pour lui, la cause de la mort des infusoires ciliés n'est
pas interne ni « inhérente à leur structure et à leur constitution intime » (Maupas) ; elle est extérieure et accidentelle. C'est un cas particulier de sa *Loi mathématique
applicable à la transformation des espèces.* Cette loi dit
en substance que du moment qu'une cause *constante* fait
varier un type dans une proportion aussi faible que l'on
veut, les variations finissent par lui disputer victorieuse-
ment la place.

Partant de là, Delbœuf pose les données du théorème
actuel, pour établir, à l'aide de formules algébriques éblouis-
santes, que la bipartition répétée est chez les infusoires
une cause cumulative de déséquilibration. Entre le progé-
niteur et ses produits s'établit une différence qui s'accentue à chaque bipartition, différence qui, parvenue à un
certain degré, constitue la maturité sexuelle, et qui finit
par être fatalement destructive de leur organisme, parce
qu'elle rend impossible la propagation par division et la
nutrition sans obstacle.

L'emploi des mathématiques est légitime sans doute en
biologie, mais il est aussi particulièrement périlleux. Les
solutions que l'on peut demander à l'emploi des calculs,
ont pour caractère une brutalité et une extrême logique
qui sont de nature à fournir des résultats très différents,
pour peu que l'une des données du problème ait été
oubliée, ou même affaiblie ou exagérée. Les solutions
mathématiques ne comportent pas en effet cette souplesse
d'appréciation et cette pondération qui résultent de la
logique inconsciente de l'esprit en présence de phénomènes très complexes.

Je ne crains pas de dire que ces reproches s'adressent tous à la manière de raisonner de Delbœuf dans le cas actuel.

Pour parvenir au résultat désiré (car Delbœuf à un résultat préféré, conforme à celui de sa loi mathématique de la variation), Delbœuf suppose d'abord :

Que (1re hypothèse), l'organisme cellulaire d'un cilié adulte et sain se compose de molécules organiques de l'espèce *a* et de l'espèce *b* en nombre égal ;

que (2e hypothèse) ces molécules se nourrissent *chacune pour soi*, les *a* élaborant des *a*, les *b* élaborant des *b* ;

que (3e hypothèse) l'assimilation ne se fera pas aussi bien par un *a* ou un *b* isolé que par un couple *ab* ;

que (4e hypothèse) elle pourra même ne pas se faire du tout par un *a* ou un *b* isolés. — Cette 4e hypothèse me parait passablement en contradiction avec la deuxième ;

que (5e hypothèse) l'infusoire aura perdu de sa taille, et sera devenu nain au moment de la maturité sexuelle ;

et enfin (6e hypothèse) que l'infusoire ne commencera à perdre sérieusement son pouvoir propagateur que lorsque son volume aura diminué de *moitié*.

De ces hypothèses quelques-unes sont acceptables, mais toutefois sous bénéfice d'inventaire, d'autres sont contradictoires, d'autres sont inadmissibles, et notamment celle qui veut que le corps d'un infusoire parvenu à la maturité, ait considérablement perdu son volume. Cette hypothèse est nécessaire au salut de la loi, car sans elle, comment comprendre que la sexualité soit le résultat de la perte d'un nombre considérable de molécules ? Or, l'hypothèse est non seulement gratuite, mais contredite par les faits. Maupas a fort bien vu en effet, que s'il est des infusoires chez lesquels la taille devient naine au moment de la maturité, il en est d'autres où la taille *ne varie pas*. Il faut croire que chez ces derniers les troubles de l'assimi-lation qui sont une condition nécessaire de la déséquilibration ne se sont pas produits. Et alors, que devient le théorème ?

Il y aurait déjà là des raisons suffisantes pour démontrer l'inanité des calculs de Delbœuf.

Mais voici bien une autre objection :

Delbœuf commet une faute grave en assimilant une cellule qui va se diviser, à un sac renfermant un certain nombre de boules blanches et noires, même *parfaitement mélangées*. Quand on bipartira ce sac en deux sacs renfermant chacun un même nombre de boules, les boules de même couleur, auront grand'chance de n'être pas en même nombre dans les deux sacs, et il y aura très probablement un écart. C'est que les boules blanches n'ont aucune action sur les noires ; toutes les boules sont également indépendantes, quelle que soit leur couleur.

Delbœuf n'a pas le droit de supposer qu'il en sera de même des molécules a et b de son infusoire. Il a même le devoir de penser le contraire.

Il parle de ces molécules comme ayant une tendance à former des *couples*, à s'associer. N'est-il pas dès lors très probable que dans la bipartition cellulaire, les molécules a et b conserveront cette forme agrégée, et que la bipartition se fera non entre les molécules a et b, mais entre les couples ab, de telle sorte que chacune des deux moitiés ne renfermera que des couples ab, cas dans lequel il ne peut être question de déséquilibration.

C'est là d'ailleurs une supposition que les faits autorisent ; car il est démontré que la bipartition cellulaire comprend une phase préalable pendant laquelle la répartition des éléments cellulaires se fait d'une manière égale, afin que la bipartition soit égale à son tour. C'est là le but apparent des perfectionnements de la division cellulaire, depuis la division directe jusqu'à la division par mitose ou indirecte.

Delbœuf paraît avoir oublié qu'il a écrit quelques pages

avant, cette phrase significative : « On peut supposer que
» la bipartition se fait dans une phase *homogène*, que
» dans la monère au moment où elle s'immobilise, il se
» passe un phénomène de remaniement : toute sa subs-
» tance corporelle se brouillerait pour ainsi dire, comme
« les particules de densité différente dans un liquide qu'on
» agite, et la *division n'aurait lieu* que *lorsque les deux*
» *moitiés ont toute chance d'avoir la même composition.*
» Je suis porté à penser que le travail qui se fait dans la
» stylonichie en train de se bipartir, *est un travail*
» *analogue* ».

La méthode mathémathique de Delbœuf démontre
bien qu'à un moment donné les sacs composés d'une seule
espèce de boules seront en majorité. Mais elle démontre
aussi que cette modification des sacs se fait d'une manière
très inégale, les sacs très homogènes commençant par être
peu nombreux, et leur nombre s'élevant progressivement,
irrégulièrement, et parfois même pour quelques-uns très
lentement. Cela permet-il d'expliquer la *simultanéité*
nettement marquée de l'époque de la maturation sexuelle,
et plus tard de la dégénérescence sénile pour tous les
membres d'un même cycle d'infusoires ? Il est bien clair
que non.

Enfin les observations très récentes sur la formation des
noyaux sexuels chez les plantes et chez les animaux a
démontré que les cellules sexuelles possèdent un nombre
de bâtonnets ou segments chromatiques qui est *exactement*
de moitié moindre que celui des noyaux de l'embryon. Il
y a donc réduction du nombre des bâtonnets ; ce qui semblerait correspondre à la déséquilibration de Delbœuf.
Mais ce qu'il y a de remarquable c'est que cette réduction
se produit *tout d'un coup*, à *la même phase*, dans l'organe
mâle et dans l'organe femelle ; et elle se manifeste au
moment de la première bipartition de la cellule mère du
pollen ou du sac embryonnaire (1), au moment de la

deuxième bipartition nucléaire chez l'*ascaris megaloce-phala* (2) et au moment de la première chez le *pyrrocoris apterus* (3).

Il me semble que cette disparition *brusque* d'une moitié des batonnets nucléaires exclut l'idée d'en faire le résultat de *bipartitions successives*, et qu'il faut penser qu'elle se fait *à propos* et pendant une bipartition, et non *par l'effet* de la bipartition, puisque les bipartitions antérieures et ultérieures ne présentent rien de semblable ; et c'est pendant les *premières phases* de la division du noyau que le nombre des segments chromatiques se montre réduit exactement ou brusquement de moitié. C'est donc un phénomène tout spécial, *surajouté*, et peut-être facilité par les mouvements nucléaires qu'entraîne la bipartition, mais qui ne semble pas avoir avec elle une relation directe et nécessaire de cause à effet.

Que devient dans tout cela l'effet de la bipartition répétée, comme cause cumulative de déséquilibration ? Je le trouve bien compromis. Il va sans dire que je n'incrimine en rien le problème et·les calculs qui l'accompagnent, vraie machine hérissée de formules devant laquelle on est tenté de s'incliner. Ce n'est pas le mathématicien qui a tort, c'est le biologiste qui a constitué à son gré, et pas toujours avec raison, les données de son problème et qui a oublié qu'une cause *constante* de variation (en supposant que la bipartition le soit) peut être stérilisée par une cause *constante* de variation en sens contraire, ou parfois même simplement de *conservation*. Si, comme il est légitime de le penser, la bipartition se fait soit dans une

---

(1) Guignard. *Sur la constitution du noyau sexuel chez les végétaux.* Comptes-rendus de l'Institut, 11 mai 1891.

(2) O. Hertwig. *Veirgleiche der Ei und Samenbildung bei Nematden* (Arch. für mikr. Anat. 1890.)

(3) H. Henking. *Untersuch. über die ersten Entwick. in den Biern der Inseckten* (Zeit. f wiss. Zool. LI, 1891).

phase homogène, soit dans des conditions qui rendent symétriques les deux noyaux, il y a là une tendance certainement capable de contrebalancer et même d'annihiler les prétendus effets déséquilibrants de la bipartition.

Que faut-il donc penser des causes de la mort naturelle des infusoires et des germes? C'est qu'elle ne diffère pas au fond de la cause de la mort des cellules somatiques, des cellules ouvrières. La cause est la même, ainsi que nous le verrons plus tard ; et il n'y a entre les unes et les autres que des différences de degré qui sont loin d'être infranchissables.

Delbœuf explique la mort fatale des organismes pluricellulaires par l'usure du mécanisme, et, voyant les organismes monocellulaires doués d'une immortalité potentielle, il juge peut-être prudent de leur refuser le mécanisme. C'est là une erreur profonde. Les cellules isolées ou associées sont des mécanismes, et des mécanismes fort compliqués ; le protoplasme lui-même est un mécanisme très complexe ; et si la mort naturelle était la conséquence forcée de l'usure inévitable du mécanisme, il faudrait que les protozoaires fussent passibles de la même loi. Or il n'en est rien. Les protozoaires peuvent échapper à la mort par le rajeunissement.

Il ne suffisait donc pas d'expliquer la mort par la présence dans l'être vivant, d'un mécanisme qui comme nos machines ne saurait échapper à l'usure ; mais il fallait reconnaître qu'il y a dans les êtres vivants des mécanismes qui s'usent fatalement, et d'autres qui peuvent échapper à l'usure, et rechercher par conséquent la cause de la mort, dans une condition différente et plus générale de l'être vivant.

Ce que dis du mécanisme, je puis le répéter pour la précipitation de l'instable en stable. Ce phénomène est commun aux protozoaires, comme aux métazoaires, car les lois générales des échanges et des dépenses vitales, sont les mêmes chez les uns et chez les autres ; si l'on pouvait invoquer ce phénomène comme la cause prochaine de la mort chez les uns, on pourrait aussi le faire légitimement chez les autres. Nous avons vu ce qu il fallait penser de cette cause de la mort, et je n'y reviens pas.

Il peut donc y avoir une *sénescence* précédant et produisant la mort chez les protozoaires comme chez les métazoaires ; et il reste à trouver la cause prochaine de cette sénescence et de cette mort. C'est ce que vais essayer de faire dans le chapitre suivant.

TROISIÈME PARTIE

THÉORIE DE L'AUTEUR ET CONCLUSIONS

CHAPITRE PREMIER

Définition de la mort. La mort n'est pas seulement la perte de l'individualité. Elle est caractérisée par le cadavre. Coup d'œil rapide sur les théories de la mort.

J'en ai dit assez pour montrer en quoi les solutions données par les biologistes à cette question : Pourquoi la mort ? ne peuvent nous satisfaire. Le moment est donc venu pour moi de chercher et de trouver, s'il est possible, une réponse qui encore à un moindre degré un pareil reproche.

Mais disons d'abord quel est le sens que nous croyons devoir attacher à ce terme : la mort.

La mort peut être entendue de diverses manières. On peut dire par exemple que la mort est une dissociation, une dissolution de l'être vivant. Les parties, les éléments restent, car ils ne sauraient être anéantis ; mais le lien qui les unissait est rompu ; il n'y a plus de vie commune, plus d'action commune en vue de l'ensemble. Chaque partie redevenue libre a perdu définitivement ses relations avec ses congénères ; l'association est dissoute. C'est là une notion qui paraît plus satisfaisante qu'elle ne l'est en effet. Elle est vraie dans quelques cas ; elle ne l'est pas dans d'autres.

D'abord dans bien des cas, la dissolution, la dissociation des parties est plutôt une conséquence de la mort, que la mort elle-même. C'est l'épilogue de la mort. C'est parce qu'un corps vivant est déjà mort, que ses parties commencent à se séparer. Mais cette dislocation n'est pas contemporaine de la mort ; et même elle ne s'effectue que lentement et progressivement après la mort. Les parties restent encore unies ; elles sont loin d'être complètement sans influence réciproque. Cette influence s'atténue progressivement. Puis arrive la dissolution, la désagrégation de l'être et son retour à la matière minérale.

C'est ainsi que se passent les faits chez les métazoaires. Mais il y a chez les protozoaires monocellulaires une dissolution de l'être qui ne ramène pas l'être vivant à l'état de matière brute. Je veux dire la division en deux cellules filles.

Dans les protozoaires polyplastides ou homoplastides le corps de la mère au lieu de se diviser seulement en deux filles, se décompose, se divise en un nombre plus considérable de cellules qui auront exactement la même destinée que leur mère.

Il y a donc ici division, dispersion, dissociation de l'être et de tout l'être. Mais les parties qui en résultent restent vivantes. Faut-il avec Gœtte et Bütschli, penser que cette division de la mère est aussi une mort, puisqu'elle entraine la disparition de l'individualité, et que la mort est proprement et surtout la disparition, la destruction de l'individualité ?

Nous avons vu Weismann repousser cette manière de voir, puisque les parties restent vivantes, et qu'il ne

saurait y avoir mort, là où il y a multiplication de vie.
Pour qu'il y ait mort, il faut qu'il y ait cadavre.

Delbœuf a pris à cet égard une situation intermédiaire et quelque peu contradictoire. Pour lui, quand un
protozoaire se divise, il y a mort non *physique*, mais
psychique. Il n'y a pas mort physique puisque la substance
n'a pas cessé de vivre ; il y a mort psychique parce que
le maintien de l'individualité suppose une permanence
physique et surtout une continuité phsychique, et que dans
chacune des divisions successives, la continuité de la
conscience est rompue, et en même temps la continuité
individuelle. Peu importe donc que la matière corporelle
reste vivante.

Mais d'un autre côté, Delbœuf pense qu'on ne saurait
appliquer à ces êtres qui se propagent par division, la
notion intégrale et vulgaire de mort naturelle avec
cadavre. On ne peut aussi leur appliquer la notion complexe d'individualité tant physique que psychique, puisque
celle-ci comprend indivisibilité et mécanisme. Leur individualité n'est qu'ébauchée « Et du moment que tout ce
qui est en eux reste par essence éternellement vivant, ils
ne meurent jamais, même quand ils se divisent (1) ».

Je tiens à prendre une situation très nette dans cette
notion de la mort, car sans cela je m'exposerais certainement à des confusions et à des obscurités sans nombre
dans la recherche des causes de la mort. Il est clair, en
effet, que de ces deux morts, l'une résultant simplement
de la division de l'individu, et l'autre consistant en une
destruction de la substance du corps comme matière
vivante, il ne saurait exister une cause commune. Ce sont
là des phénomènes d'ordres très différents, et pour l'explication desquels on est certainement obligé d'en appeler
à des causes très différentes.

_____

(1) *Delbœuf*. De la matière brute, etc.

Disons d'abord que la conception qui rattache la mort avant tout à la perte de l'individualité, ne comporte que des notions très relatives de la mort, car l'individualité est dans les êtres vivants, une manière d'être extrêmement relative. Elle présente, en effet, des degrés et des modes très divers, et est un résultat très variable d'influences et de circonstances biologiques très diversement combinées. Le besoin, la douleur, la lutte pour l'existence, la pratique continue d'actions communes, préparent et réalisent progressivement l'individualité. Cette dernière n'est point en effet, un état primitif dans la nature, à moins qu'on ne la considère dans les atomes simples et élémentaires ; mais dans les êtres composés, elle se prépare, s'ébauche, se dessine peu à peu ; elle s'affirme de plus en plus depuis les êtres inférieurs, jusqu'à l'être le plus individualisé de la création terrestre, l'homme, dont cependant l'individualité est encore loin d'être parfaite.

L'individualité réside en effet dans l'établissement d'une cohésion, d'une solidarité étroite entre les parties composantes de l'être, cohésion bien peu prononcée chez les êtres inférieurs (leur facilité à se segmenter, à se diviser en est une preuve). Elle ne se réalise et ne se fortifie que par un concours prolongé de tous les éléments de l'agrégat en vue de l'intérêt commun. Elle est aussi la conséquence forcée de la spécialisation des fonctions dans les diverses parties de l'ensemble, car cet état rend nécessaire l'aide et le concours mutuel de toutes les parties pour le fonctionnement intégral de la communauté ; et l'on conçoit par contre que dans les organismes simples et plus homogènes, chaque partie puisse plus facilement se passer d'un concours qu'elle trouve en elle-même. Un régiment composé au début de recrues inhabiles et indisciplinées, ne saurait constituer un corps de troupe, une véritable unité de combat. Une troupe sans cadres d'officiers, une bande sans responsabilités spéciales et sans administration régulière et éclairée ne le saurait davantage. Ce ne sont que des ramassis de volontés dont les mouvements ne sont qu'insuffisamment réfléchis et coordonnés. Voilà l'image du protozoaire Mais le ramassis incohérent a une tendance naturelle à devenir une troupe unie et solidaire. Et alors viennent les exercices prolongés et répétés ensemble, vienne le perfectionnement des cadres, vienne l'obligation pour tous de marcher au pas, d'obéir aux chefs, de faire avec précision et avec ensemble tous les mouvements que comportent l'attaque et la défense ; viennent surtout la lutte réelle, ses dangers, ses péripéties ; et la cohésion apparaîtra. Elle fera tous les jours des progrès, jusqu'à ce que toutes les volontés, toutes les activités se soient fondues. en une seule volonté, et en une seule activité.

On peut trouver là, me semble-t-il, une image assez fidèle du développement graduel de l'individualité. Faire reposer la nation de la mort sur une conception si peu arrêtée, c'est lui attribuer un caractère par trop relatif et indécis qui ne saurait servir de base solide à la discussion.

Mais d'ailleurs, une distinction s'impose au nom des faits eux-mêmes. Pour les protozoaires monocellulaires notamment, puisque Maupas a démontré qu'ils peuvent mourir par sénescence, on se trouvera dans l'obligation de distinguer entre la mort par sénescence et la mort par division ; car on ne saurait raisonnablement assimiler ces deux genres de mort Il y a là, on le voit, une source regrettable de confusion qu'il convient d'éviter.

Des considérations qui précèdent il ressort donc que la mort peut être envisagée à deux points de vues :

1° La disparition de l'individu comme individu avec conservation de la substance matérielle vivante qui le composait.

2° La destruction de la substance matérielle comme substance vivante, destruction qui se caractérise par la présence du cadavre.

Dans le premier cas, la substance vivante reste vivante ; dans le second, la substance vivante passe à l'état de matière morte. La première conception est pleine de restrictions, et comporte des notions très relatives de la mort, puisque l'individualité est elle-même très relative. La seconde conception a un caractère de simplicité et de généralité qui me semble devoir l'imposer à quiconque se place au point de vue biologique proprement dit. Aussi me paraît-il légitime d'accepter ce point de vue et de considérer que la mort est essentiellement caractérisée par la destruction de la matière vivante qui compose l'être, par le passage simultané de toute cette matière dans le domaine de la matière dite non vivante, par la présence enfin de la dépouille, du cadavre. Pour nous donc, comme pour Weismann, mort et cadavre sont nécessairement corrélatifs.

Puisque nous sommes fixés sur ce point essentiel, nous pouvons maintenant essayer de formuler nos vues personnelles sur la cause prochaine de la mort, et tenter de répondre à cette grande et délicate question :

Pourquoi mourons-nous ?

Nous avons vu que les réponses à ces questions, quelle est la cause de la mort ? pourquoi mourrons nous ? ont été assez variées et ne nous ont pas satisfaits.

Weismann, confondant la mort de la cellule et la mort de l'être complexe dit : les êtres unicellulaires ne meurent pas ; ils se divisent successivement à l'infini, et revivent dans leurs descendants. Les métazoaires meurent après avoir assuré la reproduction, parce que leur existence serait alors un luxe et une dépense inutiles. Il est convenable qu'ils meurent. Mais il n'y a en eux aucune cause interne et nécessaire de mort. Cependant tout ne meurt pas chez eux. Ils ont une partie immortelle, les éléments reproducteurs, les germes, qui peuvent continuer à vivre.

Gœtte considère que les protozaires meurent comme les

métazoaires, car c'est mourir que de perdre son individualité en remaniant sa substance ou en se divisant en deux individualités nouvelles. Les métazoaires meurent *parce qu'ils* ont pourvu à la reproduction. L'acte reproducteur est le commencement et la *cause même* de la sénescence et de la mort.

Pour Bütschli, les protozoaires comme les métazoaires possèdent un ferment vital, qui chez les protozoaires se renouvelle constamment par la conjugaison, source de leur immortalité potentielle, et qui chez les métazoaires s'use lentement dans les cellules du corps, et ne peut se renouveler que dans les cellules reproductrices par le fait de la fécondation. Les cellules du corps, privées peu à peu du ferment vital sont vouées à la mort naturelle.

Cholodkowsky regarde les protozoaires comme immortels, parce qu'ils sont unicellulaires, et les métazoaires comme mortels, parce que leur organisme pluricellulaire est nécessairement le siège d'une lutte pour l'existence des parties, lutte très irrégulière, qui conduit à la mort de l'organisme.

E. S. Minot considère la mort comme l'accompagnement naturel et inévitable de la vie. Tous les organismes se développent en cycles, et tous les cycles de cellules sont limités d'eux-mêmes ; tous arrivent fatalement à la sénescence et à la mort. La sénescence est un processus continuel, qui atteint toutes les périodes du cycle et qui rend les dernières cellules de ce cycle incapables de se diviser ; de là, vient la mort. La sénescence est un déclin qui commence en même temps que le cycle lui-même. Chez les protozoaires ou organismes unicellulaires, l'individu peut ne pas être toujours atteint directement par la sénescence et la mort ; mais le cycle dont il fait partie, est nécessairement soumis à la sénescence et à la mort.

Delbœuf, admettant avec Weismann, l'immortalité de l'individu corporel des protozoaires, mais avec Gœtte, la mortalité de leur individu phsychique, explique la mort chez les métazoaires par l'usure de la partie permanente fixe, qu'il appelle le mécanisme, partie sujette à l'usure comme toute machine ; et voilà pourquoi tout ce qui vit, vieillit et meurt. L'influence sédative du temps, dit plus tard Delbœuf, ramène tout au stable, et la mort est la conséquence de la précipitation fatale de l'instable en stable.

Maupas, a le premier, démontré d'une manière positive que, si chez les protozoaires, ou tout au moins chez les ciliés, tous les individus ne meurent pas, et se continuent directement pendant quelque temps dans leurs descendants nés par fissiparité, il n'en est pas moins positif que le cycle peut finir par la sénescence et la mort naturelle de ses derniers représentants. Les protozoaires sont donc sujets à la sénescence et à la mort. Mais ils peuvent échapper à la mort, grâce au rajeunissement karyogamique, et recommencer une nouvelle jeunesse et un nouveau cycle. La sénescence et la mort attaquent donc les protozoaires et les métazoaires. Ce sont des organismes ; et l'organisme n'étant, dans sa nature essentielle, qu'un mécanisme, se détériore et s'use par le jeu même de ses fonctions, comme tous les mécanismes. Les êtres vivants s'usent donc et vieillissent, et *ils périssent* parce qu'ils vieillissent.

Tel est le résumé des opinions émises sur la cause de la mort. Voilà les réponses données à cette question : pourquoi mourons-nous ? Il me semble qu'elles constituent la constatation d'un fait plutôt qu'une explication. Celles en particulier qui invoquent l'usure de la machine et la sénescence, me paraissent revenir à ceci : nous mourons parce que nous mourons. Au fond cette réponse pleine de réserve est aussi pleine de sagesse et de prudence. Le pourquoi de la mort est peut-être destiné à nous échapper éternellement ; et il est alors .plus sage d'accepter avec résignation l'obscurité qui enveloppe la solution. Mais la question est de celles qui ne sauraient nous laisser indifférents, et le regard interrogateur de l'homme se dirigera toujours vers la grotte du sphinx pour obtenir de lui quelques mots révélateurs. Faisons à notre tour ce pélerinage périlleux, et voyons si les notions émises et discutées dans nos leçons précédentes ne sont pas de nature à nous ouvrir un horizon plus clair et plus net que ceux que nous avons été appelés à considérer.

Dans l'établissement des théories que je vais exposer, je n'ai pas la prétention de n'apporter que des conceptions entièrement neuves. Si les réponses que j'ai analysées et critiquées m'ont paru insuffisantes, je me plais à reconnaître cependant que chez plusieurs d'entre elles, il y a une part de vérité dont je m'empresserai de faire mon profit. Je reproche surtout à leurs auteurs de s'être bornés à des considérations trop générales, et de n'avoir pas suffisamment creusé et analysé les éléments du problème. Peut-être serai-je plus heureux.

CHAPITRE II

Origine probable du protoplasme. Constitution et caractères probables du protoplasme primitif. Le protoplasme primitif s'est multiplié par division simple et directe. Preuves tirées des faits et de la logique.

S'il est en évolution une proposition qui puisse être considérée comme très générale, c'est que les premiers commencements de toute chose présentent le plus haut degré de simplicité qui soit compatible avec la nature du sujet qui est appelé à évoluer. A la base de toute évolution se trouve un rudiment très simple et très peu différencié. Les modifications caractéristiques, les complications, les perfectionnements ne surviennent qu'ultérieurement et par voie progressive, par voie évolutive plus ou moins lente et régulière. C'est une conception très courante chez les biologistes actuels que les premiers organismes très voisins de nos protistes les plus inférieurs ont dû naître de combinaisons voisines des composés organiques. Il est d'aillleurs indifférent pour ce point de vue que ce soit notre terre, ou une autre planète (selon l'hypothèse de Thomson) qui ait été le siège de cette autogonie.

Il n'en est pas moins vrai que toute recherche réfléchie de l'origine des choses nous conduit à cette conviction que cette autogonie a eu lieu une fois, quoique nous n'ayons pu ni la démontrer ni la saisir directement, ce qui d'ailleurs est assez naturel, puisque cela se passait à une époque où les observateurs et les moyens d'observation faisaient défaut. Qu'il me soit permis de dire en passant, que ce mode d'apparition de la vie, ne supprime en aucune façon l'intervention d'un Créateur, d'un Ordonnateur supérieur ; car Il a pu introduire la vie dans le

monde par ce moyen comme par tout autre; je dirai même
plutôt par ce moyen que par tout autre ; car la nature
nous montre assez clairement que tout en elle procède
par des moyens simples, logiques, avec esprit de suite, et
en utilisant ce qui est déjà pour produire ce qui n'est pas
encore.

Nous devons donc présumer que la vie a apparu sous
une forme au moins aussi simple que la forme la plus
simple et la plus générale que nous connaissions, et par
conséquent sous la forme de protoplasme, c'est-à-dire de
cette substance qui est la partie élémentaire, fondamentale,
la base nécessaire de tout être vivant végétal et animal.
Sans protoplasme il n'y a pas de vie ; partout où il y a
protoplasme, il y a vie. Protoplasme et vie sont deux
termes corrélatifs. Le protoplasme étant actuellement le
substratum, le cadre matériel, le laboratoire nécessaire de
la vie, nous ne pouvons concevoir les débuts de la vie que
sous forme de protoplasme.

Mais le protoplasme primitif devait résulter de l'union
relativement simple de combinaisons chimiques opérées
directement. Il a dû participer au caractère d'homogénéité
des produits de ce genre, et a dû présenter une simplicité
de structure, une homogénéité que nous ne retrouvons
que bien exceptionnellement, et peut-être pas du tout
dans le protoplasme de la nature actuelle. Il est d'ailleurs
très logique de penser que les différenciations, que les
complications de structure que nous découvrons dans le
protoplasme actuel sont le fait d'une évolution ultérieure,
car nous ne connaissons pas de produits de la chimie,
même de la chimie organique, qui possède une spécialité
et une complication de structure comparables même de
loin, à ce que nous pouvons observer dans le protoplasme.

Nous savons en effet que le protoplasme actuel présente
dans la plupart des cas des complications et des différences
de structure qui sont très remarquables. Dans le cyto-

plasme de la cellule, il prend en effet la structure d'une enveloppe ou couche membraneuse, d'un réseau dans les mailles duquel se trouve un fluide gélatineux et des granulations de formes et de dimensions très variées. Dans le noyau, il y a aussi réseau, suc nucléaire ou hyaloplasme avec granulations, nucléoles, et enfin l'élément chromatique d'une structure parfois très compliquée, avec boyau, granulations chromophiles en bâtonnets, ou en réseau, etc. Sans compter que ces diverses parties ne diffèrent pas seulement par leur aspect et leurs qualités, mais aussi par leur constitution et leurs propriétés chimiques.

Dans le fait, le protoplasme actuel est représenté par les cellules, c'est-à-dire par des organismes très complexes, très perfectionnés, dont chaque partie est spécialisée comme structure, comme composition chimique, et comme fonction, et qui sont le résultat d'une longue évolution. Il ne peut venir à l'esprit d'aucun biologiste évolutioniste, que le protoplasme a fait sa première apparition sous la forme d'une machine si variée dans la composition et la disposition de ses rouages relativement nombreux. Ce qu'il est rationnel de penser, c'est que le protoplasme a apparu comme une substance demi fluide, gélatineuse, c'est-à-dire capable de cohésion, en même temps que de variations de forme et d'actives réactions chimiques. Cette substance demi fluide était homogène, non granuleuse, sans différenciation nucléaire, c'est-à-dire sans noyau et sans chromatine distincte, se présentait sous la forme de sphères de dimensions très petites, inégales et animées de petits mouvements amœboïdes ou |spasmodiques à simples secousses. Le protoplasme primitif a pu encore présenter la forme de masses variables, et par exemple la forme d'un réseau mobile à mailles changeantes, comparable aux plasmodes des myxomycètes.

Ce protoplasme primitif a été le point de départ du

protoplasme actuel, et a eu celui-ci pour successeur, mais
à travers de longues et lentes modifications. Il a pu cependant en rester quelques souvenirs, quelques traces plus
ou moins modifiées et confinées dans certains points des
organismes inférieurs.

Gabriel (*Zur Classification der Grégarinen* Zool. Anzeiger, III, 1880, p. 569), a décrit sous le nom de *Primitivplasma*, plasma primitif, dans le testicule et dans le
liquide de la cavité du corps des vers de terre, chez
plusieurs turbellariées dendrocœles marines, annélides ou
crustacés, certaines masses particulières de plasma, appartenant à la série de formes de développement des grégarines. Ces masses ont exactement les caractères que j'ai
supposés au protoplasme primitif. Elles sont parfaitement
homogènes, sans granulations, sans noyau, en forme de
disques, lamelles ou fuseaux, et de très différentes
grosseurs. Tantôt elles sont immobiles, tantôt elles manifestent des mouvements aussi différents des mouvements
amœboïdes que des mouvements vibratiles ou de contraction, et ressemblant surtout à des secousses spasmodiques.
Ces plasmodies ou, d'après Gabriel, ces *synamœbes* proviennent de la fusion des batonnets des spores des
grégarines ; et, ou bien conservent constamment cette
forme associée de plasmodie, ou se divisent en quelques
parties qui se développent en grégarines (Géza Entz. *Studien ueber Protisten*. Budapest, 1888).

Dans les représentants inférieurs du règne végétal, on
a cru rencontrer parfois ce protoplasme, dans lequel toutes
les matières constitutives du protoplasme paraissaient
répandues, disséminées sous une forme invisible dans la
masse générale, si bien que le noyau de la cellule ne
semblait pas s'être différencié. Certaines algues par
exemple, celles qui appartiennent au groupe des cyanophycées, (nostocacées et bactériacées), les champignons
du groupe des saccharomycètes, etc., ont passé jusqu'à

l'année dernière, 1890, pour être absolument dépourvues de noyaux. Mais, de nouvelles observations ont démontré qu'il fallait changer d'avis.

En 1888, le docteur Ernst (1) avait trouvé chez beaucoup de bactéries et chez des oscillaires, à l'aide des colorants d'aniline et des colorants nucléaires typiques, (hématoxyline), des grains qui se coloraient vivement. Il avait pensé qu'ils correspondaient au noyau. Bütschli, à qui il avait montré ses préparations, avait regardé comme possible que ce fussent là des noyaux *à l'état le plus simple* (einfachste Kerne).

Mais des recherches nouvelles faites par O. Bütschli (2) lui ont permis de voir qu'il y a dans les cellules, tout au moins de quelques uns de ces organismes inférieurs, un corps central, volumineux, entouré d'une mince zone de protoplasme. Ce corps central présente un réseau que l'hématoxyline colore en bleu (linine de Schwartz), et des grains plus ou moins rares et disséminés, souvent très rares, qui se colorent eu rouge. Bütschli qui considère ces derniers comme formés de nucléine, pense que le corps central des schizophycées ou cyanophycées (bactéries, oscillariées), n'est autre chosequ'un vrai noyau.

Mais ce résulat n'a pu être obtenu qu'avec des réactifs, (alcool, liqueur picro-sulférique, acide osmique), qui ont fortement agi sur ces organismes *très délicats*. Et l'on peut se demander si l'effet des réactifs n'a pas eu pour résultat de coaguler au centre de la cellule, sous forme de réseau, et de grains colorables des parties uniformément répandues dans la cellule vivante, mais plus sensibles à l'action coagulante des réactifs.

Il faut noter en effet la minceur de la couche de proto-

---

(1) Ernst. *Ueber Kern-und Sporenbildung der Bacterien* Zeistch. f. Hygiène. V. 1888.

(2) O. Bütshcli *Ueber den Bau der Bacterien und verwudter Organismen* Liepzig 1890.

plasme qui entoure le noyau et ce fait que, malgré la faible
dimension des corps, malgré l'absence de chromoleucytes
chez les cyanophycées, il est impossible de distinguer la
moindre apparence de noyau dans les cellules qui n'ont
pas été soumises à l'action fixatrice et coagulante des
réactifs. Mais en considérant même comme légitimes les
assertions de Bütschli, elles prouvent tout au moins que
la différenciation du noyau est d'autant plus difficile à
constater, et d'autant moins accentuée, qu'on descend vers
les organismes les plus inférieurs ; et l'on peut dès lors
concevoir une phase du globule protoplasmique où ce
noyau a fait défaut comme organe différencié. Les vraies
monères de Hœckel sont peut-être compromises comme
organismes actuels ; mais tout porte à penser qu'elles ont
eu leur période d'existence dans l'histoire du développement de la vie sur le globe. Il peut d'ailleurs se rencontrer dans la nature actuelle des retours momentanés vers
cet état primitif du protoplasme qui suffisent à démontrer
qu'il a pu exister. Ainsi, l'extrémité fécondante du boyau
pollinique soit des gymnospermes, soit des angiospermes,
extrémité qui renferme le noyau pollinique, voit à un
moment donné ce noyau disparaître, en se diffusant dans
le protoplasme, afin de traverser par osmose les membranes
du tube et du sac embryonnaire, pour se reconstituer, se
condenser après ce passage dans l'oosphère. Il y a là une
phase de fusion du protoplasme et du noyau en une
masse homogène qui peut rappeler par quelques côtés le
protoplasme primitif, c'est-à-dire celui dans lequel la
substance du noyau, encore non distincte de celle du
cytoplasme, formait avec celle-ci une substance homogène,
où les deux parties de la cellule étaient partout présentes
et confondues.

Mais d'ailleurs, ne resta-t-il aujourd'hui aucune forme
capable de nous représenter ce protoplasme homogène,
qu'on n'aurait pas perdu le droit de considérer son exis-

tence passée comme probable ; parmi les êtres vivants, en effet, bien des formes primitives ont aujourd'hui cédé la place aux formes nouvelles, modifiées par les causes diverses qui président à l'évolution, et adaptées aux conditions actuelles.

Le plasma primitif a possédé nécessairement les propriétés, les facultés qui devaient lui permettre de vivre. Il a eu la puissance d'amorce qui lui permettait de s'emparer des éléments du milieu extérieur pour entretenir, réparer, et accroître même sa substance, et pour se perpétuer, se multiplier. Il a eu également cette instabilité qui lui a permis, par des dislocations et démolitions incessantes de mettre en action des énergies potentielles, source des manifestations de la vie (chaleur, irritabilité, mouvement, etc.) Mais sa vie a été monotone, à manifestations uniformes, à acquisitions et à dépenses régulières et continues. L'instrument peu perfectionné n'avait en lui que l'énergie et la volonté inconsciente de vivre et rien de plus. Le protoplasme pouvait suffire à la vie végétative et purement végétative. Son mécanisme simple et primitif exigeait cela et tout cela pour subsister ; mais il ne pouvait que vivre.

Comme tout être vivant, le protoplasme primitif naissant a dû croître et se multiplier. S'il y a eu des protoplasmes de diverses variétés, ce qui est possible et même probable, puisque la variation est un des caractères les plus généraux de l'être vivant, il n'y a eu que les protoplasmes susceptibles de croître et de se multiplier qui aient subsisté. En effet, nous ne connaissons aujourd'hui que ceux-là. Comment a dû se faire la multiplication, la reproduction de cet être simple, homogène, non différencié ? L'analogie et l'observation de ce qui se passe dans les rangs les plus inférieurs de la vie nous autorisent à penser que c'est par voie de division simple et directe que s'est multiplié ce protoplasme. Nous voyons en effet ce mode de reproduction très répandu dans les végétaux et les animaux monocellulaires, et d'autant plus répandu que les êtres sont plus simples.

Il est vrai que chez beaucoup d'entre eux ainsi que nous l'avons vu pour les infusoires ciliés, ce mode de reproduction ne saurait se continuer à l'infini, 'et qu'un rajeunissement par voie de conjugaison, c'est-à-dire de fécondation, doit intervenir pour prévenir la sénescence et la mort. Mais n'est-on pas autorisé à penser que le protoplasme primitif n'a pas connu ce processus de rénovation?

L'observation et la logique me paraissent plaider pour l'affirmative.

Voyons d'abord le point de vue logique. Pour cela, considérons :

1° Que la fécondation ou rajeunissement, envisagé au point de vue morphologique est un phénomène d'une complication considérable, et qui n'a pu être primitif. Elle n'est pas seulement, en effet, comme l'a prétendu Maupas, dans ses recherches sur les infusoires ciliés (1), un phénomène spécialement et exclusivement nucléaire, et dans lequel la chromatine est la seule partie essentielle ; mais le cytoplasme de la cellule y joue aussi un rôle fondamental, ainsi que cela résulte des travaux de H. Fol. (2), E. van Beneden (3), Boveri (4), Platner (5), Ichi-

(1) Maupas. *Du rajeunissement karyogamique chez les ciliés.* Archives de zoologie expérim., 1889, p. 477.

(2) Fol. *Die erste Entwick. des Geryonideneies,* Ienaische Zeitschr, VII, 1873. *Commencement de l'hénogénie.* Archives des sc. phys. et natur., nouvel. sér. T, 58, 1877. *Recherches sur la fécondation et le commencement de l'hénogénie.* Mémoires de la Soc. de Physique de Genève, 1879. *Le quadrille des centres.* Archiv. des sc. phys. et naturelles, 1891, avril.

(3) E. van Beneden. *Recherches sur la maturation de l'œuf, la fécondation et la division cellulaire,* 1883. E. v. Beneden et Neyt. *Nouvelles recherches,* etc. Leipzig, Engelmann, 1887.

(4) T. Boveri. *Zellenstudien,* Ienaische. Zeitsch, XXII, 1888, et Sitzgsber. Gesell. f. Morph. u. Physiol. Munich, 1888.

(5) G. Platner. *Beitrage,* etc. Archiv. mikr. Anat. Bonn, 1889.

kava (1) pour les animaux, et de Guignard (2) pour les végétaux ;

2° Que du côté du noyau la différenciation sexuelle comporte une réduction de moitié des éléments ou bâtonnets de substance nucléaire dès la première ou la seconde des deux mitoses qui conduisent de la cellule mère aux éléments sexuels. Ainsi que cela résulte des travaux de Léon Guignard (3) d'O. Hertwig (4) et de H. Henking (5) d'où il suit que les noyaux des cellules sexuelles ne sont que des *demi-noyaux* ;

3° Que du côté du noyau, l'élaboration préparatoire de la fécondation consiste dans une réduction de la substance nucléaire, qui, à la suite de deux mitoses normales et successives est diminuée des trois quarts, les trois autres quarts formant les noyaux ou globules de rebut ;

4° Qu'il est probable que les éléments chromatiques des deux pronucleus, tout en se groupant dans un noyau unique, y conservent cependant leur autonomie ;

5° Que du côté du cytoplasme les phénomènes ne sont pas moins compliqués par suite du rôle joué par les *centres cinétiques* récemment étudiés par van Beneden, Fol, Guignard, etc., dans les travaux cités ci-dessus, et d'où il résulte que les deux centres de nature protoplasmique, l'un accompagnant le spermatozoïde et l'autre accompagnant le noyau de l'ovule, s'allongent en forme de haltère, puis se divisent en demi-centres, et se déplacent

(1) C. Ichikava. *Vorläufige Mittheilung*, etc. Zool. Anzeiger, 1891.

(2) Léon Guignard. Comptes-rendus de l'Institut du 8 juin 1891.

(3) Léon Guignard. *Etude sur les phénomènes morphologiques de la fécondation*. Bull. de la Soc. Bot. de France, 1889. *Sur la constitution des noyaux sexuels chez les végétaux*. Comptes-rendus du 11 mai 1891.

(4) O. Hertwig. *Vergleiche der Ei-und Samenbildung bei Nematoden*. Archiv. für mikr. Anat. 1890.

(5) H Henking. *Unters. üb. die erst. Entwickel. ind. Eiern der Insekten*. Zeitsch. f. wiss. Zool., LI, 1891.

de telle sorte que les demi-centres spermatiques vont rejoindre les demi-centres ovaires, pour former des centres fusionnés qui deviennent les centres des asters. Il résulte de ces détails étudiés surtout par H. Fol que la fécondation consiste non seulement dans la fusion de deux demi-noyaux provenant d'individus et de sexes différents, mais encore dans la fusion deux à deux de quatre demi-centres provenant les uns du père et les autres de la mère, en deux autres centres combinés.

Le protoplasma reprend donc dans la fécondation et dans la division cellulaire qui s'accompagne aussi du phénomène des asters, le rôle important qu'on lui avait à tort retiré (1).

(1) Les observations récemment faites sur les centres ont conduit à ce résultat très généralement repoussé auparavant, que c'est dans le protoplasme que siègent les parties qui sont le point de départ de la division nucléaire et consécutivement de la division cellulaire. Malgré quelques observations qui auraient dû conduire à affirmer cette proposition, c'était l'opinion contraire qui prévalait; et il était universellement admis que la chromatine, c'est-à-dire la partie colorable du noyau était l'*unique* point de départ et le facteur dominant de la division cellulaire. Je me permets de rappeler que cependant dans un travail publié en mars 1884 (*Contribution à l'étude des globules polaires, théorie de la sexualité*. Revue des Sc. naturelles de Montpellier, mars 1884); j'ai formulé très nettement les idées qui sont aujourd'hui considérées comme seules vraies. Je disais en effet : « Quant au rôle *désintégrant* du protoplasme, il ne saurait sérieusement être mis en doute. Les observations dues à Strasburger, à Fol, à Hertwig, à Mark, à Flemming, à Henneguy et à bien d'autres, me paraissent très démonstratives à cet égard. Comment ne pas être frappé, en effet, de voir la *zone protoplasmique claire périnucléaire* de l'œuf fécondé, présenter des asters de division bien avant toute déformation du nucleus et même parfois avant que la fusion des deux pronuclei ait été achevée.

« Le même phénomène paraît d'ailleurs se passer dans la division cellulaire. Il est très évident, tout au moins, dans les segmentations blastodermiques que le processus de la division cellulaire commence par le protoplasma. C'est là un fait qui a été bien constaté, entr'autres par Henneguy chez les poissons osseux, et que j'ai pu observer moi-même dans la division des cellules blastodermiques des aranéides. »

Il y a là des processus d'une complication remarquable, et d'une nature spéciale qui semblent exiger une différenciation cellulaire que nous avons refusée au protoplasme primitif. Ces processus de mitose plasmo-nucléaire avec expulsion nucléaire et fusion nucléaire, avec centres protoplasmiques, d'abord divisés, puis réorganisés en astrocentres, ne se comprennent guère que très modifiés avec un protoplasme homogène où la chromatine ne s'est pas individualisée dans un noyau, se trouve soit diffuse, soit disséminée uniformément dans toute la masse, et où les centres n'ont pas encore pu apparaître comme différenciation trop accentuée. Les processus de fécondation sont des processus très compliqués, très perfectionnés, destinés à créer entre des parties chromatiques et cytoplasmiques provenant de cellules différentes, un contact propre à surexciter les activités nutritives, et à leur donner un nouvel essort. Ce processus perfectionné est en relation avec le protoplasme perfectionné, c'est-à-dire avec la cellule à noyau différencié, à chromatine individualisée, et à cytoplasme centralisé. Mais il est logique de penser qu'il a manqué au protoplasme homogène et sans noyau différencié.

Il est juste de faire remarquer cependant qu'il peut y avoir des formes de rajeunissement plus simples, moins compliquées et mieux en rapport avec une structure cellulaire simplifiée. La conjugaison telle qu'on l'observe dans les algues et les végétaux inférieurs semblerait rentrer dans ce cas. Mais il faut ajouter cependant que ce phénomène n'est pas encore bien connu dans les détails intimes de son processus, et qu'il est probable qu'il y a là des phénomènes de remaniement moléculaires dont le mécansime est ignoré et que font assez soupçonner les phénomènes de contraction centripète du corps protoplasmique et l'expulsion du suc cellulaire et d'une membrane enveloppante comme s'il s'agissait de matières

usées et inutiles. L'importance de ces remaniements me
paraît ressortir clairement chez les conjuguées, de la formation, à côté des protubérances appelés à se conjuguer
par anastomose, d'azygospores, c'est-à-dire de protubérances qui, au lieu de s'anastomoser avec une autre
pour réaliser la conjugaison, se bornent à présenter la
contraction centripète du corps protoplasmique, à s'entou-
rer d'une membrane et à réaliser *non un œuf*, mais une spore,
azygospore, capable de reproduire la plante mère par voie
parthénogénétique. Les phénomènes de contraction et de
remaniement semblent donc primer ceux de la conjugaison,
et en diminuer l'importance relative.

Ce fait me paraît avoir une grande signification,
car il peut contribuer à établir que dans la conjugaison,
les phénomènes essentiels ne sont pas tant la fusion de
deux masses cellulaires, que le remaniement interne et
intime, le brouillage et les modifications dans les contacts
moléculaires qui peuvent résulter de la contraction de la
masse protoplasmique et de l'expulsion de quelques unes
de ses parties (suc nucléaire et matière de la membrane
secrétée). Ces phénomènes qui se retrouvent d'ailleurs
dans l'enkystement simple des protozoaires et des protophytes sont le point de départ d'une rénovation par modification des contacts dont le rajeunissement par conjugaison
pourrait n'avoir été qu'un premier perfectionnement, qui
a été lui-même suivi de la fécondation sexuée qui représente le degré le plus élevé de la complication du processus (1). L'enkystement est donc dans certains cas du
moins, une sorte d'autofécondation intime.

(1) Ces idées sur l'importance dans l'enkystement, des remaniements
de la matière vivante en vue d'une rénovation, se rapprochent fort des
idées de Gœtte. Pour lui, l'enkystement des monoplastides a surtout
pour but et pour résultat essentiel le rajeunissement de l'individu.
Mais ce en quoi je me sépare nettement de Gœtte, c'est que je ne
saurais voir dans ce rajeunissement *l'atrophie du vieil individu et*

Les présomptions de la logique n'auraient pas une grande valeur si elles ne trouvaient quelque appui dans les résultats de l'observation. Or il est un certain nombre d'êtres vivants chez lesquels la fécondation n'a pas été observée, et qui paraissent se reproduire uniquement et par conséquent indéfiniment par voie de division et de bourgeonnement.

J'ai déjà eu l'occasion de citer quelques végétaux qui de temps immémorial, d'après Maupas, se sont multipliés par voie agame, sans que la nécessité de la reproduction par voie sexuée se fut manifestée. Ces végétaux, vigne, houblon, peuplier d'Italie, sont des végétaux supérieurs chez lesquels la reproduction sexuée se produit également. Mais il faut noter que chez les végétaux inférieurs, qui sont précisément ceux chez lesquels on a le plus le droit d'espérer retrouver des formes rapprochées de la simplicité primitive du protoplasme, on rencontre aussi précisément des groupes dont la reproduction sexuelle est inconnue, et où la reproduction paraît faite uniquement ou par division, ou par bourgeonnement, ou par des spores qui résultent de modifications dans l'arrangement du protoplasme, parfois aussi de l'accumulation de substances nutritives et de la formation d'une enveloppe cellulosique.

Les champignons de l'ordre le plus inférieur, les myxomycètes chez lesquels le thalle de structure très simple est dépourvu de membrane de cellulose, ne se reproduisent que par des spores, et on ne connaît pas chez eux d'œufs résultant d'une conjugaison.

la reproduction d'un autre individu, c'est-à-dire la mort d'un premier être et la genèse d'un second. Pour moi, l'enkystement, comme la conjugaison et comme la fécondation, a pour fin la *transformation* de l'individu vieilli en un individu rajeuni. Dans l'enkystement, il n'y a pas suppression de la vie, il n'y a pas de cadavre. La continuité de la substance vivante persiste à travers la transformation. C'est aussi l'idée de Weissmann.

Parmi les oomycètes même, il en est un nombre important, quelques chytridinées, les vampyrellées, chez lesquels les œufs sont inconnus, et où la multiplication par spores paraît la règle générale. Il en est de même dans le genre *empusa*, de la famille des entomophthorées.

Les vampyrellées vivent en parasites sur les plantes aquatiques. Leur corps protoplasmique, *dépourvu de noyau*, se divise en un certain nombre de petites masses protoplasmiques également sans noyau ou myxamibes qui, pourvus de mouvements d'abord ciliés, plus tard amœboïdes, se fusionnent en un plasmode. Ces plasmodes ou ces myxamibes peuvent s'enkyster si les circonstances deviennent défavorables, et entrant ainsi dans la vie latente, attendent des jours meilleurs.

Parmi les algues, l'ordre des cyanophycées, groupe très inférieur qui, si elles ne sont pas toujours dépourvues de noyaux, ont tout au moins des noyaux très simples et peu différenciés, ne se multiplient qu'à l'aide de kystes ou spores ; mais on ne leur connaît pas d'œufs. Or, les représentants *les plus simples* de la famille des nostocacées qui appartient à ce groupe, sont composés de cellules qui sont toutes semblables, toutes également douées de croissance intercalaire et de bipartition. Toutes les cellules du thalle peuvent également s'enkyster ensemble ou isolément, et devenir ainsi des éléments reproducteurs.

Dans une seconde famille de l'ordre des cyanophycées, les bactériacées, on trouve un thalle formé de cellules toutes semblables et à noyau rudimentaire, s'il existe. Or ces bactériacées se multiplient par bourgeonnement, par division ou par spores. Les spores ne se forment que quand le milieu nutritif épuisé est devenu impropre à la croissance. Mais alors chaque article, chaque cellule forme régulièrement une spore, avec réserve d'amidon amorphe, ou de sucre ou de quelque autre hydrate de carbone. Parfois cependant quelques articles ne produisent pas de spores.

Chez les algues plus élevées au contraire, où le noyau et le protoplasme sont bien plus nettement différenciés, la reproduction par des œufs résultant d'une conjugaison existe très fréquemment. Mais cependant on retrouve encore parmi ces algues des types où la reproduction sexuelle semble faire entièrement défaut.

Dans sa thèse récemment soutenue, F. Gay (1) cite l'*Ulothrix dissecta*, et l'*Ulothrix flaccida*, deux algues vertes comme ne possédant aucun mode de reproduction. « En quelques conditions qu'il soit placé, *l'U. dissecta* « ne produit ni zoospores, ni hypnospores ; la reproduc-« tion de l'espèce est simplement assurée par la *dissocia-« tion successive des cellules* et la *résistance naturelle* « *qu'elles offrent à l'action des agents extérieurs.* »

.On n'a pas jusqu'à présent observé des œufs dans la famille des palmellacées, à laquelle appartient le genre *euglena*, que l'on a longtemps considéré comme apparte-tenant au règne animal. Chaque cellule produit une ou plusieurs zoospores.

Dans l'ordre des phéophycées, algues qui possèdent une organisation inférieure et que l'on a parfois rangées parmi les animaux, il existe quelques groupes dont on ne connait que la reproduction agame, par division, par zoospores (peridines).

Les genres *monas (protomas)*, *protogènes*, *proto-myxa*, *myxastrum*, *myxodictyon* dont Hœckel a fait le groupe des monères, ou cytoblastes dépourvus de noyau (ce qui permet de penser tout au moins que la différenciation nucléaire n'y est pas très avancée), ne paraissent aussi se multiplier que par voie agame.

(1) François Gay. *Recherches sur le développement et la classification de quelques algues vertes,* 1891.

Il en est de même des catallactes (*magosphœra planula*),
qui ne se reproduisent que par bipartition, des labyrin-
thulées amas de cellules *nuclées* qui ne se reproduisent
que par divisions.

Parmi les rhizopodes monothalamides, Grüber a con-
testé l'existence d'une conjugaison chez *euglypha alveo-
lata*, et chez *cyphoderia*, et a soutenu qu'on a pris pour
telle une multiplication par bourgeonnement.

Sans dissimuler qu'il est possbile que la conjugaison
puisse être un jour observée chez quelques unes de ces
espèces inférieures où elle est encore inconnue, il n'en
faut pas moins remarquer que plus on descend dans l'é-
chelle des êtres vivants, plus la fécondation ou conjugaison se rencontre d'une manière moins évidente.

Aussi tout en pensant avec Minot que la sexualité ou
pour parler plus justement, la conjugaison, a dû s'établir,
se manifester dans la matière vivante avant la séparation
des deux règnes, je ne puis affirmer avec lui qu'elle se
manifeste certainement jusqu'aux dernières formes animées, et que tous les organismes se développent en cycles
et seulement en cycles, le cycle dérivant toujours d'un
œuf fécondé.

Maupas ne pense pas qu'il soit prudent d'être aussi
affirmatif que Minot ; mais il se sent obligé par les faits à
regarder la fécondation comme une fonction *d'origine
primordiale*, et comme ayant dû apparaître et se développer *presque* à l'aube de la vie chez les monoplastides
primitives, et se perpétuer à titre de facteur biologique
nécessaire, au travers de toutes les transformations et
métamorphoses que la matière vivante a subies, depuis
lors, dans son évolution générale et progressive.

Je souscris parfaitement à cette opinion, mais en faisant remarquer que la restriction apportée par Maupas
quand il parle de l'apparition de la fécondation *presque* à
l'aube de la vie, réserve la faculté pour le protoplasme

primitif de se propager indéfiniment par division, en dehors de la nécessité du rajeunissement. Le protoplasme primitif, homogène, non différencié, non nucléé, ne doit certainement pas être confondu avec les monosplastides bien organisées et différenciées ; et il conviendrait de distinguer les monoplastides primitives qui ont marqué le premier sectionnement régulier du protoplasme, des mono-plastides mieux douées où le noyau avait déjà acquis une individualité bien nette, et où le rajeunissement a réelle-ment pris naissance.

Dans le protoplasme homogène primitif, la différencia-tion s'est faite par la séparation de la chromatine, et par l'individualisation du noyau. Ce dernier a eu d'abord des formes simples, homogènes, massives, des formes à chro-matine diffuse, ou des formes à chromatine rare, et à grains épars comme chez les cyanophycées. Les formes vésiculaires, réticulées, dans lesquelles la chromatine s'est organisée sous forme de réseau, de cordons plongés dans l'hyaloplasme n'ont apparu que plus tard. Le cytoplasme entourant le noyau s'est perfectionné à son tour. Dans son sein ont apparu des réseaux, des granulations de natures diverses, etc. Parvenue à ce degré d'organisation, la cel-lule a eu alors sa forme, sa constitution générale : cyto-plasme et noyau distincts.

Plus tard apparurent dans les diverses cellules des transformations diverses du protoplasme, sous diverses formes. Il se produisit dans la série phylogénique, c'est-à-dire dans la série évolutive des formes vivantes, ce que l'on observe tous les jours dans le développement ontogé-nique, c'est-à-dire dans les phases du développement de l'individu. Les cellules acquirent des membranes d'enve-loppe ; puis dans la cavité cellulaire apparurent les déri-vés du protoplasme, la substance contractile ou musculaire, la substance nerveuse, le protoplasme de secrétion diffè-rent pour chaque glande, etc. Dans les cellules apparurent des dépôts spéciaux destinés soit à la nutrition (graisse et amidon), soit à la consolidation des tissus (os, cartilage, cellulose, etc.) Enfin, progressivement, les éléments de l'organisme atteignirent une spécialisation plus ou moins accentuée comme constitution et comme fonction. Ils devinrent cellules nerveuses, musculaires, secrétantes, etc. Un seul ordre de cellules échappa à ces différenciations, et conserva, à des degrés divers, le souvenir plus ou moins fidèle de l'organisation première de la cellule primitive (cellules reproductrices) et parfois même du protoplasme primitif (monères, grégarines).

CHAPITRE III.

Effets de la différenciation du protoplasme en cytoplasme et en noyau. Spécialisation des structures et des fonctions. Diminution du pouvoir d'amorce.
Nécessité du rajeunissement plasmo-caryogamique. Des différenciations cellulaires. Cellules somatiques et cellules germinatives. Processus de différenciation des
cellules somatiques. Les produits différenciés de la cellule ont perdu le pouvoir
d'amorce, et sont des mécanismes qui s'usent et se détruisent. C'est là la
cause de leur mort.

Ces phénomènes de différenciation et de spécialisation
de la cellule ont un résultat général, c'est d'éloigner ces
éléments du type primordial et, en les différenciant du
protoplasme primitif, de modifier leurs propriétés primitives et d'apporter de nouveaux éléments dans leur rôle
fonctionnel.

Examinons d'abord le résultat de la différenciation du
noyau et de sa séparation du protoplasme.

Cette différenciation s'est probablement accompagnée
d'une augmentation de la quantité de nucléine renfermée
dans la cellule. Remarquons en effet que les cellules à
noyau mal différencié des organismes très inférieurs laissent difficilement constater par les moyens ordinaires
l'existence de la chromatine diffuse ou disséminée, ce qui
pourrait bien tenir à sa faible quantité (levure de bière,
bactéries). Et même dans les organismes inférieurs à
nucléus mieux différencié la quantité de chromatine du
noyau est souvent faible et même très faible.

La différenciation du noyau a eu très probablement
aussi un effet sur la valeur du travail protoplasmique ;
elle a permis à ce travail de se perfectionner, de se spé-
cialiser, de s'adapter aux conditions variées d'une vie
plus élevée, de devenir un laboratoire apte à fabriquer

des produits supérieurs et spéciaux, ayant plus d'aptitude pour l'action. On ne saurait en douter en réfléchissant que l'absence du noyau, ou du moins sa faible différenciation, et son organisation simple ne s'observent au fond que dans les organismes les plus inférieurs, et les moins riches comme manifestations variées de la vie. Voilà l'influence *qualitative*, dirai-je, de la différenciation nucléaire sur la vie cellulaire. Mais on peut se demander quelle a été aussi son influence *quantitative*, c'est-à-dire son influence sur la faculté de croissance, et de multiplication du protoplasme. Cette différenciation a-t-elle accru ou diminué cette puissance de croissance ou de multiplication ? Il me semble très rationnel de penser qu'elle l'a diminué ; car certainement c'est dans les êtres inférieurs, c'est-à-dire chez ceux qui présentente la différenciation nucléaire la moins accentuée, que ces pouvoirs sont le plus exaltés. J'ai donné un exemple à propos des infusoires ciliés. Mais on sait avec quelle rapidité les bactéries, les algues et les champignons inférieurs, etc. se multiplient et s'accumulent. Je ne crois pas me tromper en affirmant qu'il y a un rapport inverse entre le degré de différenciation nucléaire et la puissance d'accroissement.

La différenciation du noyau et du protoplasme, en séparant deux parties constituantes du protoplasme primitif a donc diminué la somme de puissance d'amorce du protoplasme. Mais lequel du protoplasme cellulaire ou de la nucléine paraît avoir subi à cet égard la plus grande perte ? Il est peut-être bien difficile de répondre à cette question. Les deux parties de la cellule ont éprouvé des pertes comme pouvoir d'amorce ; mais il semblerait cependant que la nucléine, qui paraît la partie la moins apte à varier rapidement, et qui est considérée (certainement d'une manière trop exclusive) comme l'agent de transmission de l'hérédité, est peut-être la partie qui a subi la plus grande perte de ce pouvoir ; aussi paraît-elle la pre-

mière à souffrir de la différenciation. C'est par l'altération
de l'appareil nucléaire que s'accentue d'abord et surtout
la sénescence des ciliés. Et ce fait que chez ces animaux
la division persiste quelques temps encore après l'altération et la destruction de l'appareil nucléaire, semblerait
indiquer que le protoplasme a encore conservé une certaine
dose de pouvoir d'amorce qui lui a permis de survivre à
l'appareil nucléaire, et de se diviser.

Quelle vue peut résulter pour nous de ces considérations? Il peut en résulter une hypothèse qui nous semble
d'accord avec les faits que nous avons jusqu'à présent
examinés :

Le protoplasme primitif, homogène, non différencié,
doué d'un puissant pouvoir d'amorce, était par cela même
doué de l'immortalité potentielle. La substance constamment renouvelée et accrue ne connaissait pas la sénescence. La fusion, le contact intime et général des deux
éléments, les liant l'un à l'autre dans tous les points de
leur masse, pouvait bien maintenir leurs facultés dans un
rang inférieur et en gêner la spécialisation, mais d'autre
part cette action combinée de tous les points de la masse,
avait peut-être pour effet de maintenir le pouvoir d'amorce,
et d'assurer les dislocations nécessaires.

Le protoplasme a conservé une part notable de ce pouvoir, la nucléine en a retenu une moindre quantité. Celle-
ci, incapable de se renouveler assez rapidement, est par
cela même vouée plus rapidement à la sénescence et à la
mort. L'altération et la réduction du protoplasme viennent
après. Mais ils surviennent aussi fatalement.

Cela étant la cellule ne pourra revivre qu'à condition
de raviver l'influence des contacts et de modifier les conditions de la nutrition en rapprochant des substances
nucléaires et cytoplasmatiques étrangères les unes aux
autres, et ce sera le rôle de la conjugaison ou de la
fécondation.

Dans les types inférieurs de cet acte physiologique (*spyrogira*) il est possible que le rajeunissement résulte de la fusion des deux masses nucléaires et cytoplasmatiques tout entières, sauf cependant le suc nucléaire qui est rejeté. La conjugaison est dite égale. Mais là ou la différenciation cellulaire est plus avancée, le rejet d'une portion très importante de la nucléine et probablement aussi du cytoplasme paraît être une condition très générale du rajeunissement. Les deux portions restantes sont mises en contact, subissent une distribution convenable dans la cellule, et acquièrent une nouvelle puissance d'activité par suite de conditions qui nous échappent, mais qui pourraient bien rentrer par quelque côté dans une loi générale, que nous examinerons plus tard.

Nous trouverions donc une explication plus prochaine de la sénescence des êtres monocellulaires comme les ciliés dans ce fait que leur appareil cellulaire a acquis une différenciation telle que son pouvoir d'amorce a été fortement affaibli, et que son altération progressive entraîne l'affaiblissement et la mort, à moins que ne survienne à temps le rajeunissement plasmo-karyogamique.

Les différenciations qui se sont produites dans le protoplasme primitif ont donc éloigné la cellule du type primordial et du protoplasme primitif soit comme constitution, soit comme rôle fonctionnel ; ces différenciations ont eu une influence très prononcée sur les phénomènes de nutrition, et ont modifié plus ou moins fortement la puissance d'amorce du protoplasme. La différenciation du noyau a permis le perfectionnement *qualitatif* du travail cellulaire. Mais il a abaissé le travail *quantitatif*. Il y a là une loi compensatrice qui paraît générale. Plus la cellule est perfectionnée, compliquée, différenciée, plus le pouvoir multiplicateur a diminué. Les bactéries moins différenciés que les infusoires ciliés se multiplient infiniment plus rapidement. Les algues, les champignons très inférieurs, à noyau très mal défini, se multiplient bien plus abondamment que les végétaux plus élevés comme organisation. En pathologie animale également les multiplications rapides, les accroissements étonnants sont liés à des formes cellulaires qui manifestent un retour vers les états plus simples, plus embryonnaires et plus primitifs de la cellule. Si bien qu'il paraît y avoir un rapport inverse entre le degré de différenciation de la cellule et la puissance d'accroissement.

La différenciation nucléaire ayant abaissé et limité le pouvoir d'accroissement et de division, en abaissant le pouvoir d'amorce, a rendu nécessaire le rajeunissement. Ce processus a dû apparaître sous des formes simples, telles que contraction, brouillage, remaniement dans une seule cellule ; mais la différenciation nucléaire s'étant accentuée, l'intervention d'une seconde cellule apportant des éléments plus étrangers, plus différents, plus aptes à aiguiser l'influence dynamique des contacts et à influencer la nutrition, est devenue nécessaire pour combattre l'effet atténuant de la différenciation, sur la puissance quantitative de l'amorce.

Mais l'effet de la différenciation cellulaire s'est manifesté avec bien plus d'évidence et de puissance chez les métazoaires, ou non seulement l'élément nucléaire s'est individualisé, mais où la cellule a donné naissance à des produits très spéciaux qui l'on pour ainsi dire supplantée, et chez lesquels le pouvoir d'amorce a subi un affaiblissement très considérable.

A cet égard, comme l'ont fort bien indiqué Weismann, Gœtte, Minot, Mœbius, le corps des métazoaires se divise en deux parts.

Pendant les premières phases du développement du blastoderme, alors que toutes les cellules jouissent à un haut degré de la faculté d'amorce qu'elles tiennent de leur hérédité immédiate du noyau et de centres protoplasmiques de rajeunissement, toutes les cellules sont semblables ; elles paraissent toutes avoir la constitution, la valeur de germes, comme les cellules de protozoaires homoplastides ; mais tôt ou tard, il se dessine une séparation de ces cellules en deux groupes : 1° Un groupe plus ou moins restreint qui conservera intact cette faculté d'amorce, qui la possédera, mais en lui imposant un silence conservateur appelé à être rompu plus tard, quand l'occasion sera favorable. Ce sont les cellules germinatives qui garderont leur caractère blastodermique et qui entreront dans une phase de repos conservateur. 2° Un groupe généralement très important qui constituera toutes les parties du corps, autre que les organes reproducteurs. Dans les cellules de ce groupe s'établiront des différenciations extrêmement variées, constituant des muscles, des nerfs, de glandes, des épithéliums, des tissus protecteurs, des tissus unissants, etc., etc.

Comment s'est opérée cette différenciation si accentuée et si variée des cellules somatiques ?

Il convient de l'exposer, car il doit en ressortir quelques lumières pour nous.

Je prendrai pour exemple l'un des éléments tissulaires les plus nettement différenciés, c'es-à-dire l'élément musculaire. Cet élément se présente sous la forme de fibres qui sont dites striées ou lisses suivant que leurs fibrilles sont décomposées en disques superposés, ou conservent une structure homogène. Ces fibres ne sont pas des tissus primaires, mais résultent de modifications introduites dans des cellules soit épithétiales, soit conjonctives. Ces modifications consistent dans des changements de forme de la cellule, qui devient plus ou moins allongée, et surtout dans le dépôt d'une substance nouvelle, substance musculaire, ou sarcoplasme, susceptible de se contracter ou de se relâcher. Ce sarcoplasme se dépose soit à la périphérie de la cellule, soit sur un de ses côtés seulement ; mais dans tous les cas, l'élément histologique musculaire se compose toujours de deux parties distinctes, d'une part le protoplasme granuleux et le noyau qui représentent l'élément cellulaire primitif et d'autre part la substance musculaire qui est de nouvelle formation, et dont le dépôt s'est fait progressivement. Si le sarcoplasme s'est déposé autour de l'élément cellulaire, celui-ci est enveloppé par le premier. S'il s'est déposé sur le côté de l'élément cellulaire, les deux éléments sont juxtaposés et non concentriques.

Quand l'élément musculaire est très jeune, la masse protoplasmique l'emporte. Cet état peut se rencontrer à l'état permanent dans des organismes inférieurs (cœlentérés inférieurs tels que l'hydre d'eau douce par exemple). Mais à mesure que le développement se fait, et à mesure qu'on s'élève vers des types plus élevés, l'élément sarcoplasmatique l'emporte de plus en plus, si bien que dans les fibres striées des vertébrés et surtout des mammifères, l'élément protoplasmique primordial se trouve réduit à de petits noyaux aplatis entourés d'une quantité à peine perceptible de protoplasme granuleux. L'élément primordial semble avoir presque disparu, et cédé la place à l'élément secondaire qui offre un volume considérable. Mais néanmoins et dans tous les cas, la fibre musculaire est un élément complexe, c'est-à-dire composé d'une partie cellulaire primaire plus ou moins réduite et d'une partie musculaire plus ou moins développée. Mais ce qui se manifeste nettement soit dans les phases successives du développement de la fibre musculaire, soit dans les divers degrés de l'échelle animale, c'est une tendance vers la prédominance croissante de la substance musculaire sur la portion cellulaire primitive, sans que, je le répète, celle-ci disparaisse jamais complètement (1).

(1) On consultera avec fruit sur ce sujet. L. Roule. *Etude sur le développement et la structure du tissu musculaire.* Thèses de la Faculté de Medecine de Paris, 1891.

Dans les éléments nerveux, soit cellules, soit filaments conducteurs, on pourra, moins clairement pour les cellules nerveuses proprement dites, mais plus clairement pour les nerfs conducteurs, suivre aussi le dépôt de la substance nerveuse secondaire à côté de la portion cellulaire ou protoplasmique primordiale. Dans le tissu de soutien (cartilages, os), la substance consolidante se dépose ainsi autour des éléments cellulaires primordiaux et se développe, s'accroît, augmentant de volume pendant que se réduisent et se ratatinent sous forme de corps plus ou moins étoilés les corps cellulaires primitifs.

Dans les tissus que nous venons d'examiner, la substance nouvelle reste à l'état plus ou moins solide, et continue à faire partie de la masse des tissus ; mais dans les cellules secrétantes il n'en est pas de même. Ces cellules d'abord éléments cellulaires simples et de composition primaire, produisent bientôt des composés, des substances secondaires mais liquides cette fois (principes de la bile, de la salive, du suc pancréatique etc.), qui sont plus ou moins mêlés au protoplasme cellulaire, qui le gorgent, qui le saturent et qui tendant à prédominer comme le sarcoplasme dans les fibres musculaires, sont expulsés sous forme liquide, c'est-à-dire comme sécrétions.

Ainsi donc dans ces éléments perfectionnés et différenciés le protoplasme définitif (cytoplasma et noyau) a peu a peu cédé la place à des produits de son activité, mais qui ne sont plus lui même, et qui exercent leurs fonctions et leurs facultés autrement que lui même.

Les cellules du germe, les éléments propagateurs ou reproducteurs, au lieu de se modifier ainsi, ont conservé leur structure définitive. Comme les protozoaires cellulaires, elles ont gardé intact leur pouvoir d'amorce et leur faculté de rajeunissement.

Mais au contraire, tous les produits nouveaux introduits

dans le sein des cellules différenciées en muscles, nerfs, glandes, os, etc., et qui deviennent prédominants, sont incapables de se réparer par eux-mêmes. Le pouvoir d'amorce leur fait défaut presque complètement ou même complètement. C'est par l'élément cellulaire qui les a formés et qui leur est conservé, qu'ils sont entretenus et réparés ; mais par eux-mêmes, ils sont incapables de jouer suffisamment le rôle d'amorce. Ces produits devenants prédominants et se trouvant incapables de se refaire par eux-mêmes sont donc dans des conditions d'infériorité réparatrice qui semblent de nature à entraîner leur usure et leur mort. Ces éléments nouveaux et différenciés représenteraient donc cette machine susceptible de s'user et qui s'use en effet, et dont la destruction fatale comme mécanisme travaillant serait la vraie cause de la mort de tout être vivant.

CHAPITRE IV

L'usure des produits spécialisés de la cellule n'est pourtant pas une explication suffisante de la mort de l'être. A côté de la machine qui s'use, il y a en effet la machine qui semblait faite pour ne pas s'user. La machine réparatrice cesse un jour de réparer. Quand et pourquoi ? La diminution de quantité et les modifications fonctionnelles et constitutives du protoplasme primitif sont les vraies causes de la mort. La faculté de régénération des tissus diminue avec le degré de perfectionnement des organismes et avec l'âge. Le tissu conjonctif est le moins différencié des tissus et le plus capable de jouer le rôle d'amorce. Relations du tissu conjonctif et épithélial avec le tissu germinatif.

Il semble qu'il y ait là une explication satisfaisante de la mort, explication que semble avoir en vue Delbœuf (1) lorsqu'il dit : « La mort est une conséquence de la loca- » lisation des fonctions ; celles-ci se localisent dans un » mécanisme, lequel une fois formé, n'est pas susceptible » de se reformer intégralement ; pendant la vie il va » s'usant sans trève ni répit ; à la longue il est mis hors » d'usage, et l'on meurt ».

Il paraît clair en effet que le jour où la substance musculaire sera usée, où la substance nerveuse sera hors d'usage, etc., les fonctions nécessaires à la vie cesseront, et la mort sera la conséquence fatale de cet arrêt.

A cet égard, l'opinion première de Delbœuf avait une part de vérité et de logique, qui me fait regretter qu'il lui ait dans son dernier mémoire (2) substitué l'explication par la précipitation de l'instable en stable.

Et cependant cette explication de la mort n'est pas encore suffisante. Dans la conception de Delbœuf, il y a en effet deux erreurs fondamentales qui peuvent se for-

(1) Delbœuf. *La mat. brute et la mat. vivante*, 1887, p. 95.
(2) Delbœuf. *Pourquoi mourons-nous ?* Rev. philos., 1891.

muler ainsi : tout mécanisme, doit *nécessairement* s'user
et être détruit ; dans l'être vivant, il y a une portion *restreinte* qui est un mécanisme et dont l'usure entraînera la
mort de tout le reste *qui n'est pas un mécanisme*..

On peut en effet répondre à Delbœuf que *toutes* les
parties constituantes de l'être vivant sont des mécanismes,
et que s'il se trouve dans la matière organisée des mécanismes qui s'usent, il peut y en avoir aussi qui ne connaissent pas l'usure, ou qui peuvent la réparer. Si en
effet il se forme dans l'organisme un mécanisme (substance
musculaire, nerveuse, sécrétée, etc.) qui s'use et se détruit,
nous avons vu qu'il reste constamment auprès de lui un
autre mécanisme, qui a formé le premier, qui l'entretient
et qui lerépare, c'est-à-dire l'élément cellulaire primordial,
la cellule primitive (cytoplasme et noyau). S'il y a une
machine qui s'use, il y a à côté d'elle une machine qui
semblait faite pour ne pas s'user, ou tout au moins pour
bénéficier du rajeunissement (puisque comme cellule
blastodermique, elle a été l'égale des futurs germes), et
qui est appelée à réparer la machine qui s'use.

Il faut donc creuser encore pour trouver la cause de la
mort, et il faut porter la question sur un terrain plus
général.

Or, il est évident que tant que la machine réparatrice
sera capable d'entretenir et de refaire la machine qui
s'use, celle-ci continuera à subsister et à fonctionner
normalement. La mort ne surviendra que lorsque la
machine réparatrice ne pourra plus réparer. Ce moment
arrivera-t-il ? Oui. Quand et pourquoi ?

Deux causes corrélatives l'une de l'autre doivent produire ce résultat.

Notons d'abord ce fait que la cellule primitive, le protoplasme capable de jouer le rôle d'amorce diminue progressivement de quantité dans les cellules différenciées,
ainsi que nous l'avons vu à propos du muscle. Elle cède

le pas au produit secondaire qui prédomine de plus en plus.

Mais pourquoi le protoplasme amorce décroît-il ainsi ? pourquoi ne se refait-il pas lui-même ? pourquoi cède-t-il ainsi la place au produit secondaire qui ne peut se réparer lui même. L'influence du milieu, l'habitude, l'hérédité, la sélection et surtout, je le pense, une tendance interne que j'apellerai évolutive, l'ont conduit à cette impuissance.

Ce protoplasme semblable à celui des germes, et doué du même pouvoir d'amorce, s'est modifié progressivement dans la série phylogénique. D'abord capable de se reproduire lui-même tant qu'il s'est développé et multiplié comme cellules non différenciées du blastoderme, il a bientôt modifié son activité dans une faible mesure d'abord, et a donné naissance au produit secondaire (le sarcoplasme par exemple) dans une petite proportion, en même temps qu'il se reformait lui-même dans une mesure plus importante. Mais ce nouveau mode d'activité du à la tendance évolutive s'est développé par la sélection, par l'usage, par l'exercice, par l'habitude. Peu à peu le protoplasme a modifié sa fonction nutritive première au profit de la fonction différenciatrice secondaire. Il a cessé de plus en plus de faire de la matière vivante proprement dite, c'est-à-dire du protoplasme, pour faire de la matière contractile, sentante, sécrétante, etc. Mais si la fonction s'est si gravement modifiée, la constitution intime a dû subir corrélativement d'importantes modifications. Le protoplasme est devenu autre, différent de ce qu'il était d'abord. Il est devenu de plus en plus incapable de se refaire, de se reconstituer, de se réparer lui-même ; et la machine qui était primitivement construite de manière à échapper à l'usure, est devenue une machine s'usant et se détruisant. La machine qui était combinée pour faire de la vie, c'est-à-dire un ensemble merveilleusement calculé d'assimilation, de désassimilation, de sensations, de mouvement, etc., s'est modifiée peu à peu, de manière à ne faire que du mouvement, que de la sensation, que de la sécrétions, etc. Elle a perdu le pouvoir d'amorce qui la réparait. Elle est devenue destructible. Voilà la raison histologique de la mort.

Cette modification du protoplasme, c'est-à-dire de la matière vivante-amorce s'est faite progressivement dans l'évolution générale du monde vivant. Nous avons vu en effet que chez les animaux inférieurs, l'importance relative du produit secondaire est bien plus faible que chez les animaux supérieurs. On pourrait démontrer le même fait chez les végétaux inférieurs et supérieurs. Il y a une relation non douteuse entre la place occupée par l'être dans l'échelle de l'organisation, et l'importance quantitative des produits secondaires dans les tissus différenciés. Mais cette relation s'observe aussi très nettement dans les diverses phases successives du développement de l'individu. Plus on remonte vers les phases premières du développement, plus l'élément protoplasmique, c'est-à-dire l'élément producteur et reproducteur prédomine sur l'élément secondaire ou différenciateur. Nous pouvons ajouter que plus on remonte soit vers les premières phases de l'évolution générale des êtres ou phylogénétique, soit vers les premières phases de l'évolution ontogénétique ou de l'individu, plus aussi le protoplasme a conservé sa composition intime primitive, et par conséquent son pouvoir d'amorce qui lui permet de se reconstituer, de se refaire lui-même et de produire de la vie.

Mais comme conséquences nécessaires de ces modifications en sens inverse qu'entraine le développement phylogénétique et ontogénétique, il résulte que le protoplasme éprouvant des pertes progressives, et comme quantité et comme puissance de se refaire, devient aussi de moins en moins capable de faire du muscle, du nerf, de la sécrétion, etc.

Il y a là un enchaînement fatal qu'une comparaison fera bien comprendre. Le protoplasme doué d'abord d'aptitudes générales, était un ouvrier jeune et vigoureux, capable de jouer un rôle utile dans tous les services généraux que comporte la marche d'une usine. Il savait prendre soin de lui-même et ne négligeait pas de réparer ses forces. Mais la spécialisation est arrivée ; il s'est cantonné dans la confection d'une des branches particulières de la fabrication. Devenu passionné pour son art, et adonné exclusivement à son exercice, il a concentré sur cet art toutes ses facultés et toutes ses forces ; il y a acquis une grande habileté. Absorbé de plus en plus dans la pratique du métier, il s'alimente de moins en moins ; ses facultés digestives s'affaiblissent, ses forces décroissent, et quoiqu'ayant acquis une habileté consommée comme artisan, il est trahi par ses forces, et peut de moins en moins produire, jusqu'à ce qu'épuisé il cesse d'être utile, et meure.

Les éléments différenciés perdraient donc la puissance d'amorce ; et cela non seulement parce que le produit secondaire n'est pas lui-même doué de cette puissance, mais surtout (et c'est le point capital) parce que l'élément protoplasmique primordial qui était d'abord une amorce puissante, l'est devenue de moins en moins, et finit par cesser de l'être.

C'est là un fait général que prouve l'étude du pouvoir régénérateur que possèdent les divers organismes et aux différents âges, et qui sert en même temps à l'interprétation des faits que cette étude permet de constater (1). Il est en effet digne de remarque que les tissus de l'homme et des animaux supérieurs adultes sont très médiocrement

(1) Je dois bon nombre de renseignements sur la question à l'obligeance de mon collègue le professeur Kiener dont la compétence est bien connue. — Je le remercie de ce concours qui m'a permis d'élargir le cercle des exemples sur lesquels s'appuie ma thèse.

doués du pouvoir de régénération. Les ressources dont ces organismes disposent pour réparer les pertes de substance sont en somme réduites ; et elles le sont d'autant plus que l'animal est plus près de son développement parfait, et que les tissus sont plus élevés.

Dans les centres nerveux par exemple, qui représentent une différenciation très élevée, toute régénération des éléments nerveux eux-mêmes est nulle, et les réparations se font par voie de cicatrice, c'est-à-dire par développement de tissu conjonctif et non de tissu nerveux (Coën, Caporaso).

Dans les muscles striés la réparation est également cicatricielle et uniquement cicatricielle. Dans les muscles lisses qui représentent un degré inférieur et moins différencié, le tissu musculaire peut parfois se régénérer. Mais il est à remarquer qu'il le fait d'autant mieux, que le tissu est plus jeune ou qu'il appartient à des animaux moins élevés en organisation. Les expériences des Drs H. Stilling et W. Pfitzner (1) sur la régénération des muscles lisses me paraissent présenter à cet égard un certain intérêt, quoiqu'elles n'aient malheureusement porté que sur un petit nombre de types. Tandis, en effet, que les fibres lisses de l'estomac de la salamandre tachetée, et de la grenouille ne sont jamais réparées que par la formation d'une cicatrice conjonctive ; chez le *triton-tæniatus* (qui représente un degré moins différencié et moins élevé d'organisation), ces expérimentateurs ont vu ce même tissu de l'estomac se régénérer par voie de division et de multiplication des fibres musculaires lisses existantes. Ainsi donc, même parmi des animaux appartenant à la même classe, des degrés plus ou moins marqués dans l'organisation peuvent suffire à produire des différences marquées dans le pouvoir d'amorce des tissus différenciés.

(1) H. Stilling und W. Pfitzner, *Ueber die Regeneration der glatten Muskeln*. Archiv. f. mik. anat., t. ZXVIII, 1880.

Or, les cellules nerveuses des centres, et la cellule musculaire, qui ne se régénèrent pas dans les organismes élevés, sont certainement les éléments les plus nettement différenciés de l'organisme.

Les éléments épithéliaux, qui sont composés de cellules, sont d'autant plus aptes à se régénérer, à se réparer, qu'ils ont acquis une moindre différenciation. Il y a, en effet, dans ce groupe des degrés très différents de spécialisation fonctionnelle. Dans la peau et les muqueuses, par exemple, il y a un épithélium de revêtement qui se répare lorsqu'il n'a pas subi de différenciation très prononcée, et qu'il conserve le rôle primitif et simple de couche cellulaire limitante, mais qui perd cette faculté de régénération lorsqu'il modifie en quelque mesure ce rôle primitif, en y ajoutant une fonction nouvelle.

Cet épithélium peut, en effet, devenir épithélium glandulaire, c'est-à-dire produisant un liquide spécial destiné à un usage déterminé, ou épithélium protecteur en acquérant une solidité et une dureté particulières. Dans ces cas, l'épithélium se renouvelle bien plus difficilement et parfois même pas du tout. Ainsi les glandes se régénèrent très peu comme tissu glandulaire, et il en est de même de follicules pileux, des parties cornées de l'épiderme. Si dans le rein, des portions étendues de l'épithélium peuvent être renouvelées, c'est que l'épithélium reinal est moins un épithélium glandulaire, c'est-à-dire producteur de la substance excrétée, qu'un épithélium dyaliseur, c'est-à-dire perméable à certains produits accumulés dans le sang. Dans le foie, la régénération d'un acinus entier est impossible ; il faut, pour que la régénération se produise, qu'il reste au moins une moitié ou un tiers de l'acinus (Podwissozky).

Les filaments nerveux, qui ne sont que de simples conducteurs, et non des producteurs ou des transformateurs de mouvement, peuvent être régénérés ; mais toutefois seulement lorsque les deux surfaces de section restent affrontées ou peu distantes l'une de l'autre. Le rôle de l'amorce y est donc assez limité.

Mais il est un tissu très remarquable chez lequel la puissance de l'amorce a conservé une énergie qui rappelle longtemps celles des cellules primitives et neutres. C'est le tissu dit conjonctif. On entend par tissu conjonctif un ensemble de tissus qui ne sont ni contractiles comme les muscles, ni sensibles et excitomoteurs comme le tissu nerveux, ni sécrétant comme les cellules glandulaires, ni limitateur des surfaces comme les cellules épithéliales, mais dont le rôle bien moins spécialisé est un rôle de remplissage entre les organes, de charpente, de soutien, de consolidation, de levier, de ligaments unissants, etc. Ces diverses fonctions qui sont plutôt des fonctions de présence, de résistance, dirai-je, que des fonctions d'élaboration, de production, de transformation moléculaire, n'en sont pas moins en corrélation avec des formes diverses et correspondantes du tissu conjonctif. Aussi y a-t-il un tissu conjonctif primitif, et des tissus conjonctifs dérivés, modifiés en vue d'une fonction spéciale. Le tissu conjonctif primitif est essentiellement composé de cellules neutres qui n'ont acquis pour ainsi dire aucun caractère propre ; aussi l'a-t-on désigné longtemps comme *tissu cellulaire*, terme assez mal choisi, puisque tous les tissus sont formés ou dérivés de cellules, mais qui visait cependant la constitution primitive et proprement cellulaire des éléments. Ce tissu peut être composé de cellules ayant conservé une forme plus ou moins sphérique ou polyédrique par pression réciproque, et n'ayant au fond d'autre caractère spécifique de n'en avoir aucun. Ce sont en définitive les cellules de l'organisme qui se sont le moins modifiées, le moins spécialisées et qui ont le plus fidèlement conservé les caractères extérieurs des éléments neutres et indifférents du blastoderme. Elles sont composées d'un protoplasme plus ou moins granuleux, d'un noyau bien différencié, et n'ont introduit comme éléments différenciés dans leur protoplasme que des parties nutritives, n'ayant pas à jouer de fonctions déterminées et appelées à disparaître ou à reparaître selon les conditions générales de la nutrition (graisse, amidon animal, etc).

La tendance à la différenciation dans ces cellules se manifeste surtout par des modifications de forme (elles tendent par exemple à devenir étoilées, aplaties, allongées) par la formation d'une membrane enveloppante qui contribue à donner au tissu cellulaire une certaine dose de résistance et de solidité. Ces qualités sont d'ailleurs en relation avec le rôle de tissu de remplissage et de protection que joue généralement ce tissu. Il se retrouve avec des caractères qui rappellent d'autant mieux sa structure primitive qu'on l'observe dans des organismes plus inférieurs, ou dans des organes où son rôle est plus neutre et plus indifférent.

Mais le tissu conjonctif a de nombreux dérivés qui présentent des degrés variés de modification. Il peut prendre l'aspect fibreux, et former alors des aponévroses, des membranes, des tendons musculaires, dans lesquels l'élément cellulaire a pris une forme allongée, fibreuse. Il s'est alors revêtu d'une enveloppe résistante qui constitue la substance dite intermédiaire ou intercellulaire, et s'est réduit au noyau rapetissé, elliptique, entouré d'une mince couche de protoplasme.

Parfois les éléments du tissu conjonctif prennent la forme étoilée et présentent des prolongements qui, par leurs extrémités, s'unissent aux prolongements des cellules voisines. Les espaces polygonaux laissés libres, relativement considérables sont occupés par une substance intermédiaire, qui peut être transparente comme dans la cornée de l'œil, dans le tissu dit *muqueux* des poissons et du cordon ombilical des mammifères.

Ou bien, le tissu conjonctif acquiert une résistance, une solidité qui en fait des organes de protection, des leviers; c'est le cas du squelette soit cartilagineux, soit osseux. Ici la substance intermédiaire a une structure et une consistance spéciales; c'est de la substance cartilagineuse ou de la substance osseuse. Or, il est vraiment digne de remarque que le tissu conjonctif qui, considéré en général, est le tissu qui s'est le moins éloigné du type primitif de la cellule est aussi celui chez lequel le pouvoir d'amorce s'est le mieux conversé, et par conséquent celui-là aussi chez lequel la régénération s'effectue le mieux. On peut encore dire d'une manière générale que plus le tissu conjonctif se rapproche de sa forme et de sa constitution premières, plus il a conservé le souvenir de la structure blastodermique primitive, plus aussi il se régénère et se reconstitue fidèlement.

Les tissus conjontifs composés de cellules peu différenciés sont en effet ceux qui se refont le mieux, tandis que les tissus plus différenciés et particulièrement ceux où est intervenue une substance intermédiaire très différenciée, sont aussi ceux dont la régénération est la moins assurée. Le tissu cartilagineux est tout à fait dans ce cas, et le tissu osseux qui au premier abord semblerait contredire la règle, l'est également. Il faut remarquer, en effet, que le tissu osseux dont les pertes et les fractures se réparent si bien, ne doit pas ce privilège au tissu osseux lui-même, mais au périoste et aux éléments médullaires qui sont des tissus conjonctifs bien moins différenciés que le tissu osseux. Le tissu osseux nouveau n'est point directement le produit d'un tissu osseux déjà existant : mais il est dû à la prolifération et aux transformations du tissu conjonctif périostique et médullaire dont le pouvoir d'amorce toujours en éveil a été surexcité par l'inflammation. Le tissu conjonctif de nouvelle formation se transforme en tissu osseux; mais ce dernier ne dérive pas directement du tissu osseux préexistant. Les cellules osseuses ont par elles-mêmes un trop faible pouvoir d'amorce pour faire directement des cellules osseuses.

Néanmoins, un des caractères remarquables du tissu conjonctif, caractère qui paraît très général, c'est qu'à côté des éléments que leur différenciation avancée peut condamner à la stérilité, il reste en lui une certaine quantité d'éléments moins différenciés, situés soit dans l'intimité même du tissu (tissu fibreux) soit dans l'enveloppe (périoste, périchondre) ou dans les cavités de l'organe (cellules médullaires des os), qui sont capables d'amorce, ou susceptibles de récupérer ce pouvoir d'amorce sous l'influence d'une suractivité alimentaire, telle qu'elle résulte de l'hypérémie inflammatoire, ou de l'hyperfonction.

Il résulte de là, que le tissu conjonctif qui, considéré en général, est le moins spécialisé, le moins différencié de tous les tissus, est aussi celui qui conserve le plus une grande proportion de la puissance d'amorce qui caractérisait le protoplasme primitif. Aussi est-ce le tissu conjonctif qui est appelé à réparer les pertes de substance des tissus trop différenciés et incapables de régénération. C'est lui, en effet, qui produit les cicatrices, c'est-à-dire ces portions de tissu qui réunissent les parties divisées.

Mais le tissu conjonctif peu différencié, celui qui a conservé une structure relativement peu éloignée de celles des cellules blastodermiques primitives possède un pouvoir d'amorce qui s'exerce non seulement dans les parties hypérémiées et dans les conditions anormales où il y a eu perte traumatique ou pathogénique de substance, mais aussi dans les conditions normales et continues de la vie. Les éléments de ce tissu doivent en effet à leur pouvoir d'amorce, de se multiplier et de fournir aux tissus plus différenciés voisins, des éléments qui présenteront la même différenciation qu'eux, et qui seront destinés soit à accroître le volume de l'organe, soit à remplacer des éléments mis hors d'usage par le cours normal de la vie. En un mot (et j'insiste sur ce point de vue, parce qu'il me paraît avoir été méconnu ou trop laissé dans l'ombre), le tissu conjonctif continue plus ou moins dans le cours de la vie à être la *matrice* d'où sortent les éléments des autres tissus. Il continue en cela, mais avec une activité abaissée par l'âge, et par le degré de perfectionnement de l'organisme, le rôle qu'a joué le blastoderme pendant la vie embryonnaire. Il est pendant la vie adulte le représentant affaibli et allant s'affaiblissant des cellules neutres blastodermiques. C'est un *blastoderme post-embryonnaire*.

Il doit à cette parenté la faculté de revenir sous l'influence de causes spéciales, de certaines stimulations à l'état embryonnaire, de se multiplier comme les cellules blastodermiques, et de réacquérir comme ces dernières un pouvoir d'amorce intense. C'est à cette faculté qu'il faut rapporter le pouvoir de former des cicatrices, quand s'exerce l'influence d'une excitation pathologique, c'est-à-dire d'un stimulus à la fois aigu et irrégulier.

Ce n'est pas à dire que les cellules des tissus différenciés ne puissent se multiplier *dans certains cas* (quand ils sont encore très jeunes par exemple), et témoigner par là de ce qui leur reste de puissance d'amorce ; mais il n'en est pas moins vrai que dans beaucoup de cas, à cette source de reproduction s'ajoute, et parfois d'une manière très prédominante même, la transformation des éléments conjonctifs en éléments différenciés. C'est ainsi que les épithéliums, soit limitants, soit glandulaires, qui sont appelés à se renouveler parfois activement, peuvent trouver dans les éléments du tissu conjonctif sous-jacent, une source abondante de régénération.

D'ailleurs dans bien des cas, les limites entre l'épithelium limitant et le tissu conjonctif sous-jacent sont indéterminables. Ces limites n'existent réellément pas ; et l'on trouve entre les deux éléments et dans l'espace qui les relie, toutes les formes intermédiaires entre les deux formes extrêmes. Ce fait là m'a frappé dans un grand nombre d'observations. Aussi suis-je arrivé à cette conviction que les épithélium ne sont (du moins dans bien des cas), que la *forme limitante* des surfaces libres du tissu conjonctif. Parmi les nombreux faits qui peuvent appuyer d'une façon éclatante cette manière de voir, je dois citer l'épithélium intestinal de la comatule qui se continue directement par ses extrémités profondes, avec le tissu conjonctif sous-jacent ; et j'appelle l'attention du lecteur sur les observations très démonstratives et très intéressantes publiées récemment par mon élève et préparateur, Soulier, dans sa thèse sur les Annélides de Cette (1). De ces observations il ressort clairement, à mon avis, que les éléments épithéliaux, qui deviennent dans bien des cas des éléments sécrétants et glandulaires, peuvent dériver et dérivent de la transformation progressive des éléments conjonctifs sous-jacents. Les éléments épithéliaux et glandulaires devenus très différenciés sont incapables de se réparer et de se multiplier ; ils sont appelés à disparaître ; et ce sont les cellules du tissu conjonctif sous-jacent, cellules capables de se multiplier, douées encore du pouvoir d'amorce qui sont chargées de pourvoir à leur remplacement (2).

(1) A. Soulier. *Etudes sur quelques points de l'anotomie des Annélides tubicoles de la région de Cette.* Travaux de l'Institut de zoologie de Montpellier et de la station maritime de Cette. Nouvelle série, mémoire N° 2, 1891.

(2) Parmi les raisons qui concourent à établir cette assimilation entre les épithéliums et le tissu conjonctif, il faut citer ce fait que le tissu musculaire dérive, dans l'embryon, tantôt des éléments conjonctifs, tantôt des éléments épithéliaux (voir la thèse déjà citée de Roule). On sait d'ailleurs aussi (l'étude des cicatrices et des tissus enflammés le démontre clairement), que le tissu conjonctif peut former de lui-même des vaisseaux et par conséquent les éléments musculaires qui entrent dans la constitution des parois de ces vaisseaux.

C'est ainsi que se fait évidemment le remplacement des éléments trop différenciés et usés dans la plupart des cas ; et c'est là sans doute qu'il faut chercher la source de l'organisation *compensatrice* dont la puissance contraste avec la faiblesse de l'organisation *réparatrice*. On sait que les muscles du cœur doublent ou triplent de volume lorsqu'il existe un rétrécissement aortique ; que losqu'un rein est détruit, l'autre rein se développe beaucoup et acquiert un volume égal à la somme de deux reins normaux ; que lorsqu'on enlève à un animal les 2/3 de la substance du foie (3 ou 4 lobes chez le lapin) le lobe qui reste s'hypertrophie au point d'acquérir le volume primitif du foie. Ici la puissance embryonnaire de l'amorce, le retour à l'activité blastodermique, ne sont plus dues à un traumatisme où à l'excitation qui est la conséquence d'une lésion qui a porté atteinte à l'intégrité du tissu. La stimulation est d'ordre physiologique, et trouve sa cause dans la nécessité d'une suractivité fonctionnelle de l'organe. Il y a là un retour vers les conditions du développement embryonnaire ; et les cellules conjonctives acquièrent sous cette influence leur pouvoir d'amorce embryonnaire et leur rôle formateur des organes.

Le tissu conjonctif en général, et par là j'entends le tissu conjonctif et les épithéliums de limitation qui en sont une forme, est donc le tissu chez lequel le pouvoir d'amorce des cellules blastodermiques, s'est le plus fidèlement conservé. Il le doit à ce qu'il est le moins différencié de tous les tissus ; et cela est si vrai que le pouvoir d'amorce est d'autant plus accentué chez lui, et le retour à l'activité blastodermique d'autant plus possible, qu'il est lui-même moins différencié.

Mais voici un fait qui est certainement de nature à mettre en évidence cette relation entre le tissu conjonctivo-épithélial et le pouvoir d'amorce. Il est à remarquer, en effet, que chez tous les animaux les cellules reproductices, les germes, c'est-à-dire la partie de l'animal chez lesquels le pouvoir d'amorce du protoplasme primitif a été le plus intégralement conservé, se présentent partout et toujours à un moment donné, c'est-à-dire pendant la période de repos, sous la forme d'éléments conjonctifs ou épithéliaux. Ces éléments reproducteurs se trouvent, en effet, suivant les espèces animales tantôt disséminés au sein de masses conjonctives, ou dispersés comme des points épars au milieu de couches épithéliales. Tantôt au contraire ils sont groupés dans des organes délimités auxquels on donne le nom de glandes génitales, et qui ont ou la constitution de masses conjonctives, ou celle de tubes à revêtement épithélial. Mais dans les deux cas, aucun signe spécial, aucun caractère ne permet de distinguer les éléments reproducteurs avant leur période de suractivité, des éléments conjonctifs ou épithéliaux qui les avoisinent et qui sont en contact direct avec eux. A un moment donné tous ces éléments sont identiques et indistinguibles, et constituent des masses conjonctives ou épithéliales plus ou moins homogènes. Quelle est la cause qui dans cet ensemble, fait que certaines cellules deviennent reproductrices, tandis que d'autres restent purement conjonctives ou épithéliales ? Il serait difficile de le déterminer avec exactitude et de donner une réponse précise à la question. Une hypothèse peut cependant être raisonnablement proposée. Parmi ces cellules il y a comme dans tous les matériaux de la vie des inégalités, des variétés de structure qui établissent entre elles des différences insaisissables mais réelles, de telle sorte que les unes représentent plus fidèlement que les autres le protoplasme primitif. Il s'établit nécessairement entre les cellules une concurrence dans laquelle la victoire reste aux représentants les plus fidèles du protoplasme primitif à amorce puissante. Celles-ci se transforment en ovules ou en spermatozoïdes, tandis que les autres restent momen·

tanément ou définitivement comme cellules conjonctives ou comme éléments épithéliaux.

Je ne puis songer à introduire dans cet essai une comparaison approfondie des idées que je viens d'exposer sur ce que j'appellerai le protoplasme primitif à amorce puissante, avec la théorie de Weismann (1) sur *la continuité du plasma germinatif*. Mes idées se rapprochent de celles de l'éminent naturaliste par quelques points ; elles s'en éloignent par d'autres. Il est clair en effet que mon protoplasme primitif capable de se perpétuer indéfiniment par un renouvellement continu, se rapproche fort du plasma germinatif qui s'est perpétué jusqu'à nos jours à travers les cellules germinatives des êtres vivants. Dans l'un comme dans l'autre cas, il y a continuité indéfinie, et par suite immortalité potentielle. Mais il me semble, si je ne me fais illusion, que la manière dont je conçois le protoplasme primitif échappe à quelques-unes des graves objections qu'on a pu faire à la théorie de la continuité du plasma germinatif de Weismann. Cette théorie a pour point de départ une distinction tranchée entre le plasma germinatif et le plasma somatique, soit comme nature, soit comme localisation ; elle admet cependant la transformation possible du plasma germinatif en plasma somatique, mais elle nie absolument tout retour du plasma somatique au plasma germinatif.

Conséquent avec sa conception, Weismann se refuse, avec d'autres biologistes d'ailleurs, à admettre l'hérédité des caractères acquis par l'exercice. Comment en effet cette hérédité pourrait-elle avoir lieu, si les cellules reproductrices sont et restent, au sein de l'organisme, étrangères aux cellules du corps et n'en reçoivent aucune influence ?

(1) Weismann, *Die Cont inuitat des Keimplasma's*, etc., Iéna, 1885. Ce mémoire a été traduit par M. de Varigny dans *Essais sur l'hérédité et la sélection naturelle de Weismann*, Paris, Reinwald, 1892.

Cette distinction absolue entre le plasma germinatif et le plasma somatique, et l'impossibilité de retour du second vers le premier, ne reposent certainement pas sur des bases certaines. Bien des faits semblent leur opposer un démenti catégorique. La feuille de bégonia est composée de cellules qui peuvent dans certaines conditions devenir de véritables germes capables de produire une plante donnant des fleurs et des fruits, et par conséquent du plasma germinatif. Sachs affirme que chez les mousses vraies presque chacune des cellules des racines, des feuilles, des axes, et même du sporagone *non encore mûr*, peut devenir dans des circonstances favorables, une plante complète et indépendante capable de produire elle-même des cellules germinatrices. Où sont dans ces cas les cellules germinatrices distinctes des cellules somatiques? Où s'est localisé le plasma germinatif? Pour expliquer ces faits, Weismann a dû renoncer à cette localisation, et reconnaître qu'il y a là un cas qui exigerait impérieusement que l'on admette (der die Annahme verlaugen würde) que toutes ou presque toutes les cellules d'une plante contiennent un peu de plasma germinatif. C'est là une concession considérable, qui me paraît ruiner de fond en comble la théorie, et ouvrir largement la porte à la conception que je développe dans cet essai.

Au lieu d'admettre l'existence originelle de deux plasmas irréductibles dont rien d'ailleurs de matériel et de visible ne permet de constater l'existence, je trouve bien plus conforme à ce que nous savons de la variabilité du protoplasme, d'admettre des degrés divers dans sa constitution et son pouvoir d'amorce. Là où la constitution primitive et le pouvoir d'amorce sont conservés intacts ou peu modifiés, la faculté germinative est en puissance, et peut se manifester sous l'influence de conditions favorables. Là où la différenciation a introduit des modifications importantes, trop accentuées, le retour vers la faculté germinative est anéanti pour toujours. Entre ces deux termes il existe des états intermédiaires dans lesquels le pouvoir d'amorce rappelle en quelque mesure celui des éléments germinatifs. Ces états intermédiaires se rencontrent dans les tissus peu différenciés de l'adulte tels que certains éléments épithéliaux et quelques parties du tissu conjonctif. Ils sont d'autant plus fréquents et d'autant plus accentués dans le sens de l'activité de l'amorce, que l'individu est moins élevé comme organisation et moins avancé dans son développement. C'est ainsi que chez certains animaux soit inférieurs, soit jeunes, des portions d'organes ou même des organes entiers, des membres, ou mieux encore des organismes complets (bourgeonnement) peuvent résulter de l'activité du pouvoir d'amorce de ces tissus peu différenciés.

Une revue de la constitution des organes reproducteurs dans le règne animal m'entraînerait trop loin, mais pour appuyer de quelques faits les propositions qui précèdent, je me borne à dire que chez les crustacés décapodes, par exemple, ainsi que je le démontrerai prochainement, les cellules mères du testicule ont indifféremment pour origne tantôt les cellules divisées et multipliées de la paroi conjonctive de l'acinus testiculaire, tantôt les cellules épithéliales des canaux testiculaires.

Chez les insectes, chez les mollusques, chez les sélaciens, les mammifères, etc., j'ai observé des faits qui démontrent clairement l'origine, soit conjonctive, soit épithéliale, des éléments reproducteurs. Ces faits, servent à établir à la fois la relation intime qui existe entre les formes conjonctives et épithéliales des tissus, et les relations étroites de ces tissus avec les germes, c'est-à-dire avec les cellules peu ou pas différenciées, et par cela même très puissantes comme amorce.

Cette série de réflexions peuvent nous donner une explication satisfaisante de ce fait que la régénération des tissus se fait d'autant mieux que l'être appartient à un degré moins élevé de l'échelle, ou qu'il se retrouve dans un âge plus rapproché du début de la vie. La même cause exerce ici son influence. Dans l'un comme dans l'autre cas, soit les tissus conjonctifs, soit les tissus à fonctions plus spéciales (muscles, nerfs, etc.), n'ont encore atteint un degré avancé de différenciation. Les tissus conjonctifs sont par cela même plus propres à revenir à la vie embryonnaire, et à reconstituer les parties supprimées ; et d'autre part dans les tissus plus spéciaux deux conditions importantes sont réalisées : D'une part les produits du cytoplasme (substance musculaire, substance nerveuse, substance glandulaire, etc.), n'ont pas encore acquis cette prédominance de volume qui diminue la quantité et altère la puissance du protoplasme amorce. Le protoplasme n'a pas en outre acquis encore à un haut degré cette constitution nouvelle qu'il doit à sa tendance évolutive et à l'habitude prolongée de produire du muscle, du nerf, etc., c'est-à-dire de la machine qui s'use et ne se répare pas, constitution qui fait qu'il néglige de plus en plus de se refaire lui-même, c'est-à-dire de faire de la machine qui s'use et se répare.

Dans les formes inférieures de la vie animale, il y a pour ainsi dire un pouvoir illimité de réparation. Chez les rhizopodes et les groupes inférieurs, un petit fragment du corps suffit pour reproduire tout l'organisme. Chez les mollusques et les vers, les régénérations se produisent dans des proportions considérables. Chez les amphibiens, les membres, la queue, repoussent et se reforment. Mais chez les animaux supérieurs, il n'en est plus de même, et les régénérations des tissus sont rares et limitées. Mais elles le sont d'autant moins que l'animal est plus jeune et que les éléments sont plus voisins de l'état embryonnaire à amorce puissante.

Enfin, on sait combien chez les plantes, dont les

tissus sont bien moins différenciés que chez les animaux, les régénérations sont fréquentes et parfaites, puisque, ainsi que nous l'avons vu (begonia, mousses), il y a des plantes chez lesquelles une cellule quelconque est capable de reproduire une plante complète et indépendante. Mais il faut ajouter encore cependant cette remarque que les régénérations sont d'autant plus fréquentes et parfaites que l'organisme végétal est plus inférieur ou plus jeune.

CHAPITRE V

La sénescence des cellules germinatives est-elle plus précoce que la sénescence des autres cellules du corps. Du rôle et de la signification de la puberté. De la genèse par dérivation directe du blastoderme maternel, ou blastomatermogenèse.

Je ne serais pas surpris que les considérations qui précèdent ne devinssent pour plusieurs de mes lecteurs le point de départ de quelques objections, et notamment de celles-ci : Si les cellules germinatives ou reproductrices sont celles qui, dans le corps des métazoaires, ont le plus fidèlement conservé la volonté et la puissance de vivre, comment se fait-il que ce soit elles précisément qui manifestent les premiers effets de la sénescence ?

Cette objection trouve son point de départ dans une observation dont il conviendra de peser la valeur, mais qui a accrédité dans un cercle très étendu cette opinion, que c'est par l'atrophie et la flétrissure des glandes reproductrices que se manifeste d'abord la vieillesse.

Si le fait était exact, il constituerait une difficulté grave pour les idées que je viens d'émettre, et il m'imposerait l'obligation d'expliquer comment il se fait que les parties du corps, qui sont le plus aptes à vivre, soient aussi les plus promptes à mourir. Mais je m'empresse de dire que les faits ne sont pas tels qu'on les croit généralement, et qu'il y a sur ce point bien des confusions qu'il importe de dissiper.

Les éléments reproducteurs sont dans le corps les derniers représentants de la période et de l'activité vitale embryonnaires. En eux, cette activité qui se manifeste par une grande puissance d'amorce, se conserve plus longtemps que dans les éléments de tous les organes ou tissus.

Ils représentent, ai-je dit, un tissu conjonctif à caractères blastodermiques. Ils forment la partie du tissu conjonctif qui a retenu le plus longtemps l'état blastodermique. Les parties les plus différenciées (muscles, nerfs, glandes, tissu osseux, fibreux, cartilagineux, etc.) l'ont perdu bien avant eux. Mais quelque prolongée que soit la durée des privilèges des tissus sexuels, elle a cependant une fin. Un jour vient, où le tissu reproducteur lui-même cesse d'être un tissu conjonctif embryonnaire pour devenir un tissu conjonctif ordinaire à faible puissance d'amorce. Les organes reproducteurs cessent alors d'être capables de reproduire ; ils perdent leur suractivité spéciale pour rentrer dans l'ordre des tissus conjonctifs ordinaires, et pour vivre de la vie commune. Il en résulte pour eux un état d'inactivité fonctionnelle qui s'accompagne naturellement d'un abaissement relatif dans l'activité nutritive, et d'une diminution de volume. C'est là le fait qui frappe dès d'abord, et qui donne le change à l'observateur superficiel. Ce dernier se trouvant en présence d'organes qui semblent entrer avant tous les autres dans l'affaiblissement nutritif et fonctionnel, les considère comme atteints avant les autres par la dégénérescence sénile et par la décrépitude qui doit aboutir à la mort.

Mais c'est évidemment là une appréciation erronée et due à ce qu'on ne regarde qu'au fait actuel, et qu'on ne considère pas ce qui a eu lieu à des périodes plus ou moins éloignées de la vie passée de l'individu. Ce qui se produit pour les organes reproducteurs, quand prend fin la vie sexuelle, s'est déjà produit pour tous les autres organes à des époques antérieures, c'est-à-dire quand ils ont perdu les caractères blastodermiques, et ont remplacé la puissance d'amorce qui caractérisait les éléments blastodermiques par le faible pouvoir d'amorce qui est le propre des tissus nettement différenciés.

Or, ce passage de la vie blastodermique à la vie commune s'est opéré pour les divers tissus à mesure que se dessinait leur différenciation. Cela a donc eu lieu pour les divers tissus à des époques différentes, mais néanmoins peu éloignées les unes des autres, pour tous les tissus autres que le tissu germinatif. Ce dernier a conservé bien plus longtemps que tous les autres sa vie blastodermique ; mais il est évident que lorsqu'il passe de cette vie spéciale à la vie commune, il n'est pas exact de dire qu'il est le premier à présenter des signes de décrépitude et de sénescence ; car il n'est atteint par l'affaiblissement du pouvoir d'amorce, c'est-à-dire par une inactivité relative de la nutrition et de la renovation, que bien longtemps après les autres.

Quand cesse l'activité sexuelle ou germinative, le tissu reproducteur n'entre pas dans un état de décrépitude et d'abaissement qui le place, à cette époque, dans un état inférieur à celui des autres tissus du corps. Il cesse d'être un tissu blastodermique, il est vrai ; mais il devient un tissu conjonctif ordinaire, qui n'est ni plus vieux, ni plus détérioré, ni plus décrépi que le reste du tissu conjonctif, Il est simplement passé de la vie *spéciale* à la vie *commune* ; et il n'occupe pas dans les degrés de la vie générale du corps auquel il appartient, un rang inférieur à celui des autres tissus, et particulièrement des tissus conjonctifs de même forme que lui. Placé sur le rang et dans la même catégorie que les autres tissus, il subira désormais comme eux et avec eux la dégénérescence sénile, et il arrivera comme eux à la perte de l'activité vitale et à la mort.

Il n'est donc pas exact de dire que les organes reproducteurs sont les premiers atteints par la sénescence. Il est plus conforme à la vérité de dire qu'ils ne le sont qu'après les autres. L'observation des animaux supérieurs et de l'homme est loin de contredire cette proposition. N'est-il pas vrai en effet que dans la plupart des cas, chez les individus sains, les préludes de la vieillesse, les rides de la surface, la décroissance des forces et l'abaissement des fonctions générales deviennent manifestes, alors que les fonctions reproductrices n'indiquent pas encore un ralentissement marqué dans le travail des organes correspondants. Ce contraste entre la vieillesse corporelle et la jeunesse sexuelle prend parfois même des proportions étonnantes, et met nettement en saillie cette survivance de l'activité reproductrice, qui est loin cependant d'être toujours aussi accentuée.

La vérité est donc que les organes reproducteurs conservent bien plus longtemps que les autres l'activité blastodermique ; et que, quand ils la perdent pour descendre au rang de tissu conjonctif ordinaire, rien n'autorise à les considérer dans ce dernier état, comme atteints d'une sénescence plus précoce et plus prononcée que celle des autres tissus de même sorte. Le contraire est certainement plus conforme à la réalité.

Je ne puis abandonner ce sujet sans apprécier le rôle et la signification de la puberté en me plaçant au point de vue des considérations qui précèdent.

La puberté est à proprement parler la période du développement de l'individu, dans laquelle ses produits sexuels parviennent à maturité, c'est-à-dire sont devenus aptes au rajeunissement plasmo-karyogamique. Très généralement, la puberté coïncide avec le développement complet de l'être ou en d'autres termes avec l'état adulte.

L'axolotl est une exception à cette règle. On sait, en effet, que chez cet amphibien urodèle, l'état de larve pourvue de branchies et à queue munie de membrane natatoire peut persister toute la vie, et comporte des glandes sexuelles bien développées. Mais, c'est là un cas très rare de puberté anticipée ou de *propuberté* qu'il faut bien se garder de confondre avec la *progénèse* ou reproduction

asexuée telle qu'on l'observe cher un grand nombre de
larves ou d'animaux n'ayant pas atteint la stature de
l'adulte. Dans ces derniers cas, les éléments reproducteurs
parviennent au développement d'un nouvel être en dehors
de l'influence du rajeunissement plasmo-karyogamique et
sont dits parthénogénétiques. Comment comprendre ces
phénomènes et leurs variations suivant les animaux ?
Quelle peut être la cause prochaine de ces différences ?
C'est ce que les considérations précédentes nous permet-
tront de saisir dans une certaine mesure.

Chez les animaux supérieurs, le travail de différenciation très précoce et très actif, circonscrit étroitement de
bonne heure le groupe de cellules qui conserveront le
caractère blastodermique. Deux tendances sont en présence dans l'être à cette époque du développement, la
tendance blastodermique, dirai-je, dont le propre est une
grande activité nutritive et un puissant pouvoir d'amorce,
et la tendance différenciatrice qui pousse les tissus vers
la spécialisation de structure et de fonction. Nous avons
longuement établi dans le cours de cet essai qu'il y avait
antagonisme ou tout au moins balancement au sein de
l'organisme entre ces deux tendances. La tendance vers
la différenciation est d'autant plus précoce et accentuée
que l'animal est plus élevé ; aussi chez les animaux supérieurs, le travail de construction compliquée et très spécialisé des organes et des mécanismes, absorbe-t-il la
meilleure part de l'activité de l'ensemble, et réduit-il les
cellules blastodermiques à un silence relatif. Les matériaux nutritifs et les excitations nerveuses sont détournées
par d'autres besoins loin des parties blastodermiques de
l'organisme qui ne peuvent exercer que d'une manière
relativement modérée leur pouvoir d'amorce. Mais quand
le pouvoir différenciateur touche à sa fin, ou s'est entièrement achevé, quand l'organisme n'est plus absorbé dans
ce travail qui crée les organes, quand la tendance diffé-

renciatrice est satisfaite et épuisée, quand d'ailleurs le pouvoir d'amorce s'est affaibli dans les parties différenciées par suite même de leur différenciation, les éléments blastodermiques de l'organisme, débarassés d'un antagonisme qui les maîtrisait et qui modérait leur activité, reviennent à une vie plus intense, et manifestent hautement leur pouvoir d'amorce par une multiplication active et répétée. Ce sont là les préludes prochains de la puberté. On peut les considérer comme répondant d'une manière assez exacte à la division et à la multiplication rapide des infusoires ciliés sous l'influence d'une nutrition riche et abondante. Le repos des organes reproducteurs pendant l'activité différentielle des autres organes représente au contraire la division lente et parfois interrompue des ciliés auxquels la nourriture est parcimonieusement accordée. La puberté est ensuite complètée par une modification des éléments sexuels qui les rend aptes au rajeunissement, c'est-à-dire à la conjugaison. C'est là aussi la période de maturité des infusoires ciliés.

Mais avec cette phase, le pouvoir d'amorce blastodermique des éléments sexuels subit une modification marquée. La cellule sexuée n'est plus apte à se reproduire elle-même, que si elle se conjugue avec une autre cellule de sexe différent. La nature de cette modification de la cellule sexuée est aussi une différenciation spéciale qui, comme les autres différenciations, porterait atteinte au pouvoir d'amorce; mais cette différenciation est d'une nature telle, qu'elle a lieu, selon des directions opposées dans les éléments de sexes différents, et que l'union de deux d'entre eux reconstituera un élément blastodermique complet, rajeuni et puissant. Le rajeunissement, c'est-à-dire la fécondation, est donc un antagoniste de la différenciation sexuée, et il l'a fait disparaître.

Si l'antagonisme entre la tendance différenciatrice des organes et le pouvoir d'amorce du blastoderme génital est la cause déterminante de la suspension momentanée de l'activité blastodermique des organes reproducteurs, on conçoit aussi, que la suspension prématurée, ou même le ralentissement du travail différenciateur général, doive permettre le retour de l'activité blastodermique des organes reproducteurs ; et c'est là le cas de l'axolotl. Chez cet intéressant urodèle, des conditions de milieu favorables au maintien de la forme larvaire aquatique semblent modérer et interrompre de bonne heure le travail différenciateur, et permettre aux tissus blastodermiques des glandes sexuelles de manifester d'une manière précoce leur activité primitive.

Chez les animaux moins élevés que les vertébrés, le travail différenciateur est à la fois moins précoce et moins actif, aussi les tissus qui conservent les caractères blastodermiques sont-ils à la fois plus abondants et plus actifs. Dans les types notamment qui ne parviennent à l'état adulte qu'à travers des formes larvaires plus ou moins persistantes et plus ou moins répétées (ce qui indique nécessairement une lenteur relative dans les processus différenciateurs), les éléments blastodermiques de la larve peuvent manifester dans un nombre très considérable de cas une suractivité nutritive et un pouvoir d'amorce qui aboutissent à des multiplications cellulaires rapides et à la formation de nouveaux êtres sans l'intervention de la différenciation finale qui constitue la sexualité. Le blastoderme continue son rôle d'une manière interrompue ; et il ne serait pas juste de voir une condition tout à fait nouvelle dans ce fait, qu'au lieu de constituer seulement les organes de l'être auquel il appartient, il produit des organismes nouveaux capables d'évoluer d'une manière indépendante. Même chez les animaux relativement élevés, un blastoderme résultant de la segmentation d'un seul œuf fécondé, peut donner naissance à plusieurs organismes appelés à une vie indépendante. L'embryogénie de *lom-*

bricus trapezoïdes étudiée par Kleinenberg (1) présente
en effet d'une manière permanente et régulière le fait de
deux blastodermes provenant de la division d'un blastoderme unique et donnant naissance à deux lombrics. On
peut penser que bien des cas de dédoublements tératolo-
giques doivent être attribués au même processus. Il est
donc vrai que des éléments blastodermiques appartenant
à un même groupe cellulaire peuvent ainsi évoluer d'une
manière indépendante et former ainsi plusieurs êtres
distincts ; et c'est là le phénomène qui se produit très
fréquemment chez les organismes inférieurs, (redies, et
sporocystes des trématodes, bourgeonnement des polypes,
multiplication agame des méduses, des salpes, etc.)

La production agame des pucerons, dont, avec bien
d'autres, j'ai recherché autrefois l'explication dans une
modification figurée des œufs parthénogénétiques, trouve
dans ces considérations une explication bien plus simple
et bien plus naturelle. Les générations agames qui se
succèdent sont caractérisées par ce fait, quelles conservent
et se transmettent des éléments blastodermiques non
sexués provenant de l'œuf fécondé, qui a été le point
de départ du cycle des générations asexuées. C'est un fait
comparable à ce que l'on observe chez les trématodes
distomiens. On sait en effet que chez ces animaux les
œufs donnent naissance à des embryons qui émigrent
dans un animal, le plus souvent un mollusque. Là, sous
l'influence d'une riche alimentation, ils se transforment
en sacs germinatifs (rédies ou sporocystes) c'est-à-dire que
les cellules contenues dans l'enveloppe deviennent des
germes, qui se développent par voie de division cellulaire
et forment autant de blastodermes nouveaux. Ceux-ci
constitueront une nouvelle génération, soit de cercaires

(1) Kleinenberg. *The dévelopment of the Earthworm, lumbricus
trapezoïdes,* quart. J. of. mic. science XIX, 1879.

qui se transformeront en distomes, soit de sacs germinatifs qui se rempliront à leur tour de nouveaux germes.
Ces derniers deviendront enfin des cercaires. Il peut
donc y avoir plusieurs générations successives (au moins
deux) de sacs germinatifs, c'est-à-dire de générations
agames.

La distance qui sépare ce cas de celui des pucerons
ne me paraît certes pas capitale. Elle se résume en effet
en ceci : Les cellules qui conservent le caractère blastodermique disséminées et répandues dans toute la masse
interne, chez les larves de distomes, se localisent chez les
pucerons agames dans des ovaires parthénogénétiques.
Ces ovaires ne sont donc autre chose que des groupes
circonscrits de germes blastodermiques non différenciés
sexuellement. Cette différence s'explique d'ailleurs fort
bien par le degré plus élevé en organisation des pucerons ;
car cette supériorité qui résulte d'une différenciation plus
avancée de l'être, a pour résultat de restreindre fortement
la quantité d'éléments blastodermiques ; mais dans les
deux cas les conditions de l'activité blastodermique qui
est assez grande pour assurer la formation de nouveaux
êtres, sans l'intermédiaire de la reproduction sexuée,
paraît comporter également deux conditions importantes :
une riche alimentation (œufs d'été pour les pucerons, vie
parasitaire pour les distomes), et une lenteur relative dans
l'organisation de l'individu parfait, puisque ce dernier
n'est que le couronnement d'une série de formes larvaires
et transitoires.

Tous ces faits doivent être considérés comme des faits
de bourgeonnement externe ou interne, de scissiparité, ou
de parthénogénèse. Ils ont tous pour caractère commun
de représenter un cas de développement d'un nouvel être
par la voie de la multiplication et de l'activité directe
d'éléments blastodermiques transmis. Ils représentent une
dérivation directe du blastoderme maternel, et mérite-

raient d'être réunis sous une dénomination qui exprime ce fait général. Je propose de les considérer comme des *genèses par pure dérivation directe du blastoderme maternel, ou des blastomaternogenèses.*

CHAPITRE VI

Relation entre la senescence et la reproduction sexuelle, entre le jeûne et la reproduction sexuelle. Il n'y a pas de corrélation entre le jeune et la maturation des cellules sexuées. Il n'y a pas de relation de cause à effet entre la sénescence et la maturation des éléments sexués ; mais il y a relation de cause à effet entre la différenciation des tissus du corps, et celle des éléments sexués. Il n'y a pas de relation de cause à effet entre la sénescence et l'appétence sexuelle. Il y a relation de cause à effet entre le jeûne et l'appétence sexuelle. Cause et nature de cette relation. L'appétence réciproque des éléments sexués est une manifestation de l'instinct de nutrition. Relation de la reproduction sexuelle et de la mort.

Il me reste à examiner quelques questions qui ont été diversement résolues. Quelle relation y a-t-il entre la nutrition et la reproduction sexuelle ? quelle relation y a-t-il entre la sénescence et la reproduction sexuelle ? Quelle relation y a-t-il enfin entre la reproduction sexuelle et la mort ?

Ces deux dernières questions qui sembleraient devoir se confondre en une seule, doivent cependant être séparées, parce que la place assignée à la période de sénecence a été diversement appréciée.

Examinons d'abord quelle relation il peut y avoir entre la sénescence et la reproduction sexuelle.

Minot (1) prétend que la sénescence est la cause déterminante de la reproduction sexuelle. L'animal se reproduit parce qu'il cesse de croître, et ces deux phénomènes n'ont qu'une seule et même cause, la sénescence. Mais Minot me paraît ici confondre deux phénomènes qui sont bien différents : la sénescence, c'est-à-dire la détérioration, la dégradation fatale et progressive de l'organisme que

(1) *Minot*. Loc. cit. traduit dans le Bulletin scientifique du départementdu Nord.

l'alimentation même la plus riche ne saurait empêcher, et l'épuisement momentané, accidentel de la cellule par défaut de nutrition. Ce sont là des phénomènes qu'il convient de distinguer.

Les expériences de Maupas ont constamment montré ce fait que les infusoires ciliés parvenus à la maturité sexuelle bien avant que la sénescence se fût manifestée, entraient en conjugaison dès que les aliments étaient supprimés. Ce fait s'est toujours produit sans exception, D'autre part, tant que l'alimentation était abondante, la sénescence avait beau se manifester, les infusoires n'entraient pas en conjugaison. Maupas en conclut qu'une riche alimentation endort leur appétit conjuguant, et que le jeûne, au contraire, l'éveille et l'excite. Mais on peut en conclure aussi que la sénescence n'est pas la cause déterminante de la reproduction gamique. Cette dernière est causée, déterminée par un défaut d'alimentation qui menace l'existence de ces protozoaires.

D'ailleurs, Minot lui-même ne cite à l'appui de sa thèse que des cas où l'alimentation insuffisante apparaît comme le facteur principal. Chez les hommes, dit-il, la période de reproduction commence plutôt si la nourriture est mauvaise. Chez beaucoup de plantes inférieures, la reproduction est amenée par une nourriture insuffisante. Il y a donc, pense Minot, opposition entre la nutrition et la reproduction.

Cette proposition, qui a du vrai, ne saurait être acceptée en bloc, et mérite qu'on la dissèque, qu'on l'analyse pour faire une juste répartition entre ce qu'elle renferme de vrai et ce qui l'est moins. C'est ce que nous allons faire. Il faut distinguer dans la reproduction sexuelle et dans les éléments sexuels deux états qui sont l'un et l'autre nécessaires pour la fin de la fonction : la maturation des éléments reproducteurs, c'est-à-dire leur aptitude à la fécondation, et leur appétence réciproque à s'unir pour la

conjugaison ou la fécondation. Les observations des infusoires ciliés que je viens de rappeler montrent combien
est juste cette distinction. Des infusoires peuvent être
mûrs pour la conjugaison, mais sans appétence réciproque. Cette dernière a besoin d'être provoquée par
une nouvelle condition, le jeûne. Maturité et appétence
sexuelle sont donc deux phénomènes distincts. Nous nous
trouvons donc en présence, non pas seulement de deux
éléments du problème, reproduction sexuelle et sénescence, mais de quatre éléments : la maturité sexuelle,
l'appétence sexuelle, la sénescence et le jeûne.

Examinons dans quelles relations se trouvent ces divers
éléments.

Y a-t-il une relation de cause à effet entre la maturité
des éléments reproducteurs et la nourriture insuffisante?
y a-t-il opposition entre la nutrition et cette phase de la
reproduction sexuée qui consiste dans la maturation des
produits sexuels? Il me semble que pour le soutenir il
faudrait avoir oublié que la maturation des produits
sexuels, c'est-à-dire leurs divisions successives jusqu'à ce
que se soit produite dans la cellule génitale cette modification du cytoplasme et des éléments de noyau qui en font
un élément polarisé, il faudrait, dis-je, avoir oublié que
cette maturation s'accompagne toujours d'un accroissement
marqué de la circulation des glandes reproductrices, d'un
afflux considérable de liquides nutritifs, et par conséquent
de conditions tout autres que le défaut ou l'insuffisance
d'alimentation des éléments reproducteurs.

Mais s'il n'y a pas relation de cause à effet entre la
maturation et le jeune, cette relation n'existe-t-elle pas
entre la maturation et la sénescence? La réponse à cette
question dépend évidemment de l'idée que l'on se fait de
la sénescence. Minot pense que la sénescence est surtout
caractérisée par la perte pour la cellule du pouvoir de se
diviser ; cette perte aboutit pour l'animal à un arrêt dans

la croissance ; et comme la reproduction sexuée ne commence généralement que quand l'animal a atteint sa stature définitive, Minot en conclut que l'arrêt de la croissance et la reproduction sexuée, deux phénomènes concomittants, sont dus à la même cause, la sénescence.

Mais la conception de Minot n'est pas celle de Maupas, qui pense que la sénescence ne se révèle pas d'abord par le défaut de croissance, c'est-à-dire par la cessation de la division cellulaire mais par les altérations organiques, par la dégradation de la cellule. C'est ce qu'il a bien observé chez les infusoires ciliés.

Mais d'ailleurs la puberté est-elle toujours exactement corrélative d'un arrêt définitif dans la croissance ? Les infusoires ciliés prouvent bien le contraire. Cela ne paraît pas entièrement exact chez les animaux supérieurs ; et chez l'homme en particulier, l'âge où le sexe s'affirme, n'est certes pas toujours celui ou cesse la croissance. Les poissons dont beaucoup ont une croissance prolongée et presque indéfinie se reproduisent cependant de bonne heure et longtemps.

Je suis disposé à concevoir autrement les relations de la maturité sexuelle et de l'état des éléments constitutifs du corps, des éléments somatiques. Ainsi que je l'ai exposé précédemment, je crois que les préludes et les débuts de la puberté, c'est-à-dire les premières maturations sexuelles sont en corrélation avec les dernières phases, les derniers efforts de différenciation des éléments somatiques. A mesure que cette différenciation s'accentue, s'affermit, se complète, à mesure aussi les éléments blastodermiques des organes sexuels entrent dans une phase de nutrition plus active. Il est donc juste de dire qu'il y a relation de cause à effet, qu'il y a relation étroite entre la différenciation des tissus du corps, et la maturation des éléments reproducteurs.

C'est là, je crois, le fait exact et réel ; et il est facile d'expliquer l'erreur de Minot, quand on pense que la différenciation croissante des tissus en diminuant progressivement leur pouvoir d'amorce prépare naturellement l'arrêt de la croissance. Mais c'est bien entre la différenciation des tissus, et la maturation sexuelle qu'est la vraie relation, la relation directe. La sénesceccence ne saurait être considérée comme la cause de la maturation sexuelle, que si on fait de la sénescence et de la différenciation des tissus des termes synonymes, ce que je ne saurais accepter sans de grandes réserves, car différenciation qui est synonyme de spécialisation, de division du travail, et de perfectionnement fonctionnel, ne saurait être pleinement considéré comme signifiant altération, détérioration et caducité. Un tissu différencié n'est pas par cela même sénescent, quoiqu'il soit fatalement appelé à le devenir.

Y a-t-il une relation régulière de cause déterminante à effet entre la sénescence proprement dite et l'appétence sexuelle ? Rien ne le prouve, et tout tend à établir le contraire. Des infusoires sénescents manifestent parfois, il est vrai, une appétence sexuelle, mais ce n'est pas là la règle, et cette appétence se manifeste d'ailleurs avec des caractères irréguliers et morbides. Chez tous les infusoires parvenus à la maturation, *mais non sénescents*, l'appétence est la règle dans certaines conditions. La sénescence n'est donc pas la cause déterminante de l'appétence sexuelle.

Reste à examiner si le jeûne ou l'insuffisance de nutrition est capable de jouer ce rôle. Pour les infusoires ciliés arrivés à maturité, cela n'est pas douteux. Le jeûne provoque immédiatement chez eux la tendance à se conjuguer, tandis qu'une nourriture abondante exclut toujours cette tendance. Le jeûne est donc le véritable excitateur, la cause déterminante proprement dite de l'appétence sexuelle. Mais cela est-il vrai chez les animaux plus élevés et chez les métazoaires en particulier ? On peut le présumer d'après l'examen des circonstances qui accompagnent les dernières phases du développement et de la vie individuelle des éléments reproducteurs

Il est à remarquer, en effet, qu'il y a dans ce développement deux phases bien distinctes : la première, de maturation, qui s'accompagne d'une très grande activité nutritive et qui consiste en divisions cellulaires, en accroissement de volume des éléments ; et la seconde, où se manifeste l'appétence sexuelle et où les éléments se trouvent exposés à une insuffisance ou même à un défaut complet d'alimentation.

Pendant la période de maturation, les éléments n'éprouvent aucune attraction réciproque, et toute conjugaison est impossible. Mais c'est pendant la seconde qu'a lieu la conjugaison ou la fécondation. Cette dernière n'a lieu, en effet, qu'entre éléments ayant perdu leurs relations intimes avec les organes qui les nourrissaient. Les spermatozoïdes sont devenus libres et indépendants ; ils ont cessé tout rapport direct avec la membrane vascularisée qui les supportait et les nourrissait, et ils nagent dans un liquide qui leur sert de véhicule encore plus que de nourrice. Et quant aux ovules, ils ont également abandonné l'ovaire, ont dévoré les cellules folliculaires qui les entouraient, et qui, dans certains cas même (follicules de Graaf), ont déjà fait place à un liquide séreux qui ne peut donner à l'ovule qu'une nourriture relativement pauvre. Il y a donc eu dans les deux cas (spermatozoïde et ovule) une période plus ou moins prolongée d'alimentation insuffisante qui a préparé et déterminé l'appétence sexuelle des éléments reproducteurs.

Parmi les animaux aquatiques, il en est un très grand nombre, poissons, crustacés, vers, cœlentérés, etc., chez lesquels la fécondation est extérieure. Le spermatozoïde et l'ovule sont donc l'un et l'autre placés pendant un certain temps dans l'eau, c'est-à-dire dans un milieu neutre et peu capable de les nourrir ; et il est à remarquer que c'est peut-être chez ces animaux que la fécondation est le plus assurée malgré les chances apparentes d'insuccès que comporte un milieu non circonscrit et mouvementé. Il est donc permis de penser que le jeûne complet des éléments sexuels, en aiguisant et excitant fortement leur appétence réciproque, assure une fécondation qui semblerait devoir être très précaire.

On pourrait peut être invoquer comme cause de cet isolement final, de cette indépendance et de cette mobilité finales des deux éléments reproducteurs, les nécessités d'une translation, d'un rapprochement de ces éléments pour la fécondation. Mais l'argument est passible d'une objection sérieuse. La rencontre des deux éléments ne nécessite la mobilisation que de l'un d'entre eux. Généralement l'élément mâle est constitué de manière à parcourir les voies de rapprochement et à s'introduire dans les canaux qui servent d'issue aux éléments femelles.

Mais il y a d'ailleurs dans la constitution des canaux excréteurs des éléments sexuels une dispostion dont on n'a pas encore expliqué la fin, mais qui est trop fréquente, trop générale pour n'avoir pas une haute signification. Je veux désigner par là la constitution tortueuse et l'allongement disproportionné de ces canaux. Généralement les canaux déférents, et souvent aussi les oviductes (quoique d'une manière bien moins prononcée) présentent des ondulations, des sinuosités, des enroulements, des pelotonnements qui en accroissent singulièrement la longueur et qui doivent fortement prolonger la durée du séjour et du parcours des éléments spermatiques. Il y a certainement une raison à ce stage prolongé des éléments reproducteurs dans des canaux étroits, avant leur rencontre et leur fusion.

Ce séjour prolongé aurait-il pour but de donner à ces éléments le temps de subir certaines transformations ou d'acquérir certains éléments ? Cela paraît vrai dans une certaine mesure pour les ovules ; ces derniers reçoivent parfois en effet des matières nutritives, des enveloppes, etc. ; mais d'un autre côté les éléments spermatiques ne subissent dans ces longs parcours que des modifications insignifiantes et parfois même nulles. Il est à remarquer en effet que très généralement les spermatozoïdes atteignent dans le testicule lui-même leur forme et leur stature définitives. Chez les crustacés décapodes, notamment, j'ai trouvé à peine différents les éléments spermatiques pris soit à l'origine soit près de la terminaison des canaux déférents. On peut en dire autant chez les mollusques gastéropodes, où les canaux déférents sont très tortueux. J'ai constaté le même fait chez les insectes. Aussi suis-je disposé à considérer comme probable que ce parcours prolongé dans des canaux étroits, où ne paraissent certes pas abonder les éléments nutritifs, a pour effet de soumettre les éléments reproducteurs à l'influence d'une alimentation pauvre pendant un temps suffisant pour faire naître entre eux l'appétence sexuelle. C'est là une disposition destinée à assurer la fécondation qui est le couronnement essentiel et le but final des fonctions propres des organes reproducteurs.

Il convient cependant de remarquer que chez les métazoaires où la cellule reproductrice sexuée, ne représente que l'un des deux sexes, (la cellule de l'infusoire cilié les représente tous les deux) il peut suffire que l'une des deux cellules soit soumise à l'influence du jeûne et de l'inanition pour que la fécondation soit assurée. C'est là une condition qui semble prévaloir plus ou moins dans la reproduction sexuée des métazoaires. L'élément mâle, le spermatozoïde est alors l'élément affamé, appelé à aller à la recherche de l'élément mieux nourri, et par suite relativement satisfait qui constitue l'ovule. Aussi le premier est-il pourvu comme les infusoires ciliés, d'organes locomoteurs, (cils, flagellum ou queue mobile) propres à le porter dans sa course à la recherche de l'autre élément. L'œuf qui est mieux partagé, qui trouve l'aliment sur place, et qui se trouve dans des *conditions parasitaires*, est dépourvue d'organes locomoteurs. Les organes locomoteurs des spermatozoïdes le conduisent au voisinage de l'ovule et l'aident à pénétrer au dedans de lui pour se rapprocher du pronucléus femelle. Là, le pronucléus mâle et son protoplasme s'emparent, pour ainsi dire, du pronucléus femelle et de son protoplasme, et il y a conjugaison, fécondation, rajeunissement.

Voici encore un fait qui met bien en saillie ce rôle spécialement dévolu à l'élément mâle. Il est en effet, un assez grand nombre d'animaux dont les spermatozoïdes sont dès leur sortie de la glande testiculaire, réunis et agglomérés en groupes ou masses distinctes contenus dans les capsules que l'on désigne comme spermatophores. Généralement ces capsules sont constituées par une membrane épaisse, très résistante et peu perméable. Chez les crustacés du groupe des décapodes, où j'ai souvent observé ces formations, les spermatozoïdes, sont très nombreux et très pressés dans ces petites cavités, où l'aliment fait défaut et où il ne peut pénétrer du dehors. On conçoit facilement que des spermatozoïdes, ayant parcouru dans ces conditions le trajet tortueux du canal déférent, parviennent au terme de leur course, c'est-à-dire auprès des ovules de la femelle, dans un état suffisant d'inanition et d'appétence sexuelle.

Au point vue du rôle spécial des conduits excréteurs sur l'inanition et l'appétence sexuelle, il serait intéressant de faire une étude comparative des groupes aquatiques chez lesquels se rencontrent à la fois la fécondation interne et directe par copulation, et la fécondation externe, par simple émission des produits sexués dans l'eau. On aurait mis la main sur un argument favorable à cette influence des canaux excréteurs des glandes sexuées, s'il était constaté que les animaux pour lesquels la fécondation est externe sont pourvus de canaux excréteurs beaucoup moins longs, moins étroits et moins entortillés et sinueux que les animaux du même groupe à fécondation directe et interne. Chez les premiers en effet, l'abandon et le séjour dans l'eau est de nature à provoquer dans les éléments sexuels, le même effet affamant qu'un parcours prolongé dans un canal excréteur. J'ignore le résultat que donnerait à cet égard une comparaison suffisamment poursuivie des poissons sélaciens qui ont une copulation et une fécondation interne, et des poissons osseux ou autres qui projettent simplement dans l'eau les spermatozoïdes et les œufs. On peut cependant dire déjà que les canaux déférents des sélaciens sont extrêmement longs, sinueux, enroulés, tandis que chez les poissons osseux ils paraissent courts et à trajet presque direct. Il est encore à noter que parmi les mollusques, les gastéropodes à fécondation interne ont les canaux excréteurs mâles très longs, très étroits, très sinueux, tandis que chez les lamellibranches dont la fécondation est externe, ces canaux sont courts, larges et directs.

Je laisse aux botanistes le soin de rechercher s'il est possible d'appliquer au règne végétal les réflexions que je viens d'exposer. Mais je ne puis m'abstenir de faire remarquer que l'élément mâle, le pollen, n'est appelé à féconder l'ovule que lorsqu'il a abandonné, à l'état de poussière libre et indépendante, une anthère flétrie et presque desséchée qui ne lui fournit plus une nourriture suffisante.

J'ajouterai qu'il faut peut-être chercher dans ce fait *un* des éléments de la supériorité, chez les plantes, de la fécondation croisée, sur la fécondation directe. Il est évident en effet que plus les deux éléments qui doivent s'unir, pollen et ovule, devront leur origine à des fleurs

ou à des plantes séparées et éloignées les unes des autres,
plus il y aura de chance pour que le pollen soit resté
longtemps détaché de l'anthère qui l'a nourri. Je suis loin
de faire de ce fait l'explication unique et principale des
succès de la fécondation croisée ; je me borne à faire
remarquer que cette condition pourrait avoir dans certains
cas une part dans ce résultat.

Il reste donc vrai que le défaut de nutrition est vraiment l'excitant, la cause déterminante de la conjugaison
et de la reproduction sexuelle. Mais il convient de distinguer, et de ne pas appliquer au corps tout entier des
métazoaires, ce qui au fond ne se rapporte qu'à leurs
éléments reproducteurs. Ce n'est pas proprement et directement l'appauvrissement nutritif du corps des métazoaires
qui détermine la reproduction sexuelle, c'est l'appauvrissement nutritif de ce qui chez eux est l'homologue, le
vrai représentant des protozoaires unicellulaires, c'est-à-
dire les cellules reproductrices.

Mais cependant il est vrai aussi que chez les animaux
mal nourris la période de reproduction est parfois plus
précoce, et que dans tous les cas, ainsi que les éleveurs
l'ont bien remarqué, les animaux qui s'engraissent font
généralement de mauvais reproducteurs. Comment conci-
lier ces faits avec les appréciations qui précèdent ? La
nutrition générale du corps des métazoaires peut certainement influer sur l'apparition plus ou moins précoce de
la reproduction sexuelle ; mais cette influence est indirecte,
et ne s'exerce que d'une manière secondaire. Un corps
bien nourri est plus capable qu'un corps mal nourri de
fournir aux organes sexuels une alimentation abondante
qui favorise la division cellulaire et contribue à la maturation, mais qui retarde l'apparition de l'appétence
sexuelle des cellules. En effet, l'abondance alimentaire
peut encore influer sur les éléments sexuels même diffé-

renciés et arrivés à maturation, en retardant chez eux ce
besoin de conjugaison qui est le facteur essentiel de la
reproduction sexuelle Une nourriture abondante conduit
les cellules reproductrices à la maturation, mais retarde
ou empêche l'attraction mutuelle.

Chez le métazoaires, une trop grande aptitude générale
à absorber et à assimiler peut donc s'opposer à l'apparition de l'appétence réciproque chez les éléments génitaux,
et faire de ces animaux de mauvais reproducteurs. Mais on
voit que l'influence de l'alimentation générale est indirecte, et que c'est l'alimentation propre et spéciale des
éléments reproducteurs eux-mêmes qui est le rouage
essentiel du mécanisme.

Maupas se demande quel peut être la cause de ce
rapport très réel entre le défaut de nutrition et la reproduction sexuelle. Il ne voit pas ce que l'on pourrait invoquer
pour l'expliquer, et préfère attendre que la biologie nous
ait donné quelques lumières à cet égard. Il me semble
cependant qu'on peut avoir recours pour expliquer ce fait
à une cause que les naturalistes ont coutume d'invoquer
dans bien des cas, je veux dire l'instinct.

S'il est un intérêt primitif d'une généralité absolue,
c'est le désir de vivre et la crainte de la mort qui se résument dans l'instinct de la conservation. Tous les animaux
sans exception sont plus ou moins dominés dans les divers
actes de leur vie par ce désir instinctif de vivre et
d'échapper aux causes de destruction. « La crainte de la
» mort est indépendante de toute connaissance, dit Scho-
» penhauer (1) ; car l'animal éprouve cette crainte, sans
» pourtant connaître la mort. Tout ce qui naît l'apporte
» en ce monde avec soi. De là, en chaque animal, à côté
» du souci inné de la conservation, la crainte innée d'un
» anéantissement absolu. Or, cette crainte de la mort à

____

(1) Schopenhauer. *Le monde comme volonté, etc.*

» *priori* n'est justement que le revers de la volonté de
» vivre, fond commun de notre être à tous. Pourquoi
» voyons-nous l'animal souffrir, trembler, chercher à se
» cacher ? Parce qu'il est pure volonté de vivre ».

Mais si la crainte de la mort est innée et ne dépend
pas de la connaissance, les moyens de l'éviter sont aussi
innés et ne dépendent pas de la connaissance. La crainte
de la mort est instinctive ; les moyens de la fuir ne le sont
pas moins. Aussi, la pure volonté de vivre, volonté inconsciente, inspire-t-elle aux animaux pour se soustraire à la
mort des procédés dont leur intelligence est incapable de
comprendre la portée, ce qui exigerait de leur part des
connaissances qu'il n'est pas permis de leur supposer.
Quel que puisse être le désir d'y retrouver avec Darwin
des actes fixés par la répétition et des habitudes devenues
héréditaires, on est réellement très embarrassé parfois
pour voir dans ces actes de conservation souvent très ingé-
nieux et très complexes autre chose que des suggestions
dues à une raison maitresse qui a dicté les lois de l'évolution.

Deux infusoires ciliés bien nourris et satisfaits dans
leur volonté inconsciente de vivre, n'éprouvent pas le
besoin de se prémunir contre la mort. Ils continuent à
absorber et à végéter, c'est-à-dire à se multiplier par
division. L'époque de la maturation a beau survenir, rien
n'est changé dans leurs allures tant que l'alimentation est
abondante. Mais l'aliment s'épuise-t-il et la famine menace-
t-elle les infusoires ? il y a alors brusque changement
d'allures ; les infusoires se recherchent et se conjuguent ;
pendant tout le temps de la conjugaison qui peut durer
plusieurs heures ou plusieurs jours, l'alimentation est
suspendue, elle l'est également pendant un délai qui
peut être de plusieurs jours après la fécondation ; et les
conjoints acquièrent dans cet acte de nouvelles énergies
et un vrai rajeunissement.

Il y a donc là à la fois un délai qui peut laisser aux aliments le temps de reparaître, et un rajeunissement qui permettra aux êtres réconfortés de se reconstituer et de se multiplier par division dès que les aliments auront été renouvelés autour d'eux.

La conjugaison plasmo-caryogamique est donc un moyen de salut pour les infusoires menacés de mort par la famine. L'instinct de la conservation les pousse énergiquement à y avoir recours, dès que leur vie est menacée.

On se demandera pourquoi la sénescence proprement dite n'a pas la même influence que le jeûne, et ne provoque pas chez les ciliés la conjugaison comme mesure de défense contre la mort ? On peut, me semble-t-il, en trouver la raison dans ce fait que la sénescence est une altération qui se produit très lentement et très progressivement, que le danger dont elle menace l'animal est dissimulé et masqué par la lenteur même de sa marche, que, dans ses débuts, elle est si bien compatible avec la vie végétative de l'infusoire, qu'il continue à s'alimenter et à se diviser, et qu'elle n'atteint sérieusement les sources de la vie, que quand l'organisme usé et détérioré n'est plus susceptible de trouver un moyen de salut dans la conjugaison. Cela est si vrai que, quand par suite de disette, les infusoires sénescents viennent à se conjuguer (ce qui arrive quelquefois, mais non toujours) ces accouplements restent stériles et ne les préservent pas de la mort.

Je pense donc que c'est l'instinct de la conservation de la vie qui provoque nécessairement la conjugaison chez les infusoires ciliés menacés de mort par inanition.

Mais quelle cause faudrait-il invoquer pour l'explication de la fécondation chez les animaux plus élevés, chez les métazoaires ? Il me paraît logique de penser que c'est encore l'instinct qui agit. Il n'y a pas de raison, en effet, pour refuser aux cellules qui composent le corps d'un

métazoaire, les facultés générales et primordiales que
l'on octroie aux êtres monocellulaires. Chez elles, il y
y aussi l'instinct de la conservation, et chez elles se manifestent aussi des actes propres à assurer cette conservation. Ces actes varient nécessairement suivant la
signification, le rôle et la constitution des cellules. Les
éléments reproducteurs qui représentent dans le corps des
métazoaires des cellules capables comme les protozaires
unicellulaires d'une vie indépendante et d'un rajeunissement plasmo-karyogamique, sont capables d'obéir aux
mêmes instincts que les protozoaires et de la même manière. Ces éléments arrivés à la maturité sont séparés ou
détachés des organes qui les alimentaient; pour eux commence donc une disette complète ou relative qui menace
leur existence ; et de là naît pour eux le désir instinctif
de se conjuguer, l'appétence fécondatrice, capable de produire en eux un rajeunissement, et de suspendre parfois
pour un temps plus ou moins long le besoin d'alimentation.

Je pense donc qu'il y a un *instinct cellulaire* comme il
y a un *instinct corporel*, et que c'est à l'une des manifestations de cet instinct et à la plus importante, c'est-à-
dire au désir de vivre, qu'il faut attribuer l'influence du
défaut d'alimentation sur l'appétence mutuelle des éléments sexuels et sur la fécondation. Ils fuient par le
rajeunissement, la mort dont les menace l'inanition.

L'instinct cellulaire qui préside à la conjugaison est-il
entièrement spécial ? N'a-t-il rien de commun avec d'autres manifestations de l'instinct de la conservation ? A-t-
il une nature toute particulière? ou n'est-il qu'une forme
d'un autre instinct connu sous un autre nom ?

Quand on réfléchit à la relation étroite, directe, immédiate, infaillible même de cause à effet, qui existe entre
l'appétence sexuelle et le défaut d'alimentation ; quand on
considère en outre que l'appétence sexuelle n'a jamais

lieu tant que l'animal peut disposer d'une nourriture suffisante, on est naturellement conduit à établir une relation
de nature, un certain rapprochement entre l'appétence
nutritive et l'appétence sexuelle.

Quand l'aliment ordinaire ne parvient plus à la cellule,
elle se tourne avec avidité vers l'aliment sexuel, et il y a
fécondation. La cellule qui souffrait d'inanition trouve
dans ce fait la satisfaction de ces besoins ; et cela paraît si
exact, si vrai, que pendant tout le temps de la conjugaison,
qui peut durer plusieurs heures ou même plusieurs jours,
l'alimentation proprement dite est suspendue, et qu'elle
l'est également après la conjugaison, pendant un délai
qui peut-être de plusieurs jours. Et pendant cette période
de jeûne, les conjoints, cellules ou infusoires, ont acquis
des forces nouvelles et se sont rajeunis.

Encore un fait qui est de nature à rapprocher la fécondation de l'alimentation et de la nutrition. La formation
du boyau pollinique qui se dirige vers l'ovule n'est-elle pas
une véritable germination ? et n'est-elle pas l'indice d'une
avidité nutritive qui s'empare d'abord des sucs du tissu
conducteur du pistil pour aller chercher sa satisfaction
suprême dans sa fusion avec l'ovule ?

Delbœuf (1) a donc raison de dire que la fécondation est une sorte de nutrition. L'appétence sexuelle est
une manifestation du besoin de nutrition, et l'instinct
sexuel des éléments reproducteurs n'est qu'une forme
de l'instinct de nutrition. Mais ajoutons que c'est la forme
supérieure, la forme parfaite de cet instinct, soit par la
sûreté de l'impulsion instinctive, soit par la nature de l'é-
lément nutritif. L'aliment par excellence, l'élément parfait,
est en effet celui qui est capable de restituer à l'organisme
exactement et pleinement tout ce dont il a besoin pour
réparer ses pertes, pour raviver ses fonctions alanguies,

____

(1) Delbœuf. *Revue phisolosique loc. cit.*

pour le ramener à son équilibre primitif. C'est encore celui dont l'assimilation est si facile et si rapide, qu'il peut, pour ainsi dire sans transformation, entrer directement dans la constitution de l'être qui s'en nourrit.

Ce sont précisément là les caractères de l'élément sexuel, qui entrant directement dans la constitution de l'autre élément, ramène l'un des deux conjoints ou les deux à la fois à leur état primitif de jeunesse corporelle et d'énergie fonctionnelle. En outre l'appétence sexuelle se distingue du besoin général de nutrition en ce sens qu'elle constitue un instinct cellulaire qui discerne immédiatement et sûrement l'aliment nécessaire et *parfait* et qui se porte vivement vers lui pour s'en saisir. L'appétence sexuelle des éléments reproducteurs est donc la forme la plus *parfaite* de l'instinct de nutrition. Il n'y a rien là qui puisse surprendre quiconque réfléchit que le rajeunissement n'est qu'une réparation, et que la réparation de l'être ne peut venir que de la nutrition.

D'ailleurs la réparation de l'être vivant comporte nécessairement deux processus simultanés, l'acquisition de matériaux normaux et le rejet de matériaux usés. Or, il y a dans l'acte fécondateur deux processus dominants qui dans l'ensemble et à travers des détails spéciaux d'exécution, paraissent correspondre aux deux processus réparateurs de la nutrition : acquisition du pronucléus fécondateur d'une part ; expulsion des sucs cellulaires dans l'enkystement et la conjugaison, et rejet des globules excrétés d'autre part.

Disons enfin un mot, en nous plaçant au point de vue des idées que je viens d'exposer, sur les relations de la reproduction sexuée et de la mort.

Nous avons vu que Weismann considérait la mort comme une mesure d'économie biologique après la reproduction sexuée. Pour Gœtte la mort succédait à cette reproduction comme une conséquence nécessaire. L'animal meurt parce qu'il s'est reproduit. J'ai critiqué ces deux points de vue ; mais je dois au lecteur ma réponse à la question. Le voici en quelques mots :

La reproduction sexuée est l'œuvre d'éléments cellulaires qui ont conservé, au plus haut degré, leur caractère blastodermique, c'est-à-dire une grande puissance d'amorce. Elle dure, tant que ces cellules gardent ce caractère. Elle cesse quand les cellules des organes reproducteurs ont pris le rang et la signification d'éléments conjonctifs ordinaires, c'est-à-dire à amorce faible. Mais nous savons que ces cellules sont précisément les dernières à subir cette transformation, et qu'elles le subissent même tardivement. Quand a lieu ce changement tout le corps se trouve donc transformé en tissus diversement différenciés, peu capables d'amorce et inaptes au rajeunissement. L'œuvre de la sénescence s'accomplit donc sûrement et fatalement dans tous les tissus ; et la mort ne saurait être que prochaine.

La mort n'est donc pas la conséquence nécessaire de la reproduction sexuée, puisqu'elle ne survient d'une manière naturelle que lorsque celle-ci n'a plus lieu, et ne peut plus avoir lieu. La mort vient après la fin de la période sexuelle ; mais elle n'est pas la suite directe de la reproduction. Il y a même souvent entre la fin du pouvoir régénérateur et la mort un intervalle de temps d'une longueur notable, pendant lequel la sénescence générale des tissus fait et achève son œuvre dont le couronnement est la mort.

La reproduction et la mort sont deux phases alternantes de la vie de l'espèce, dont la double fin est de perpétuer et de perfectionner l'espèce ; mais on ne saurait dire quelles sont proprement les causes déterminantes l'une de l'autre. Ce sont plutôt des pulsations successives et différentes de ce mouvement rapide et entrainant qui constitue ce que nous appelons la vie.

CHAPITRE VII.

Résumé général et dernières conclusions. Causes de l'évolution de l'être potentiellement immortel vers l'être mortel. Rôle biologique de la mort. Regard vers l'avenir. Conclusion générale.

L'ensemble de cet essai se compose à la fois de données positives, de faits observés, et d'un ensemble de conséquences qui ont paru en découler naturellement, et qui peuvent être condensées en quelques propositions :

La matière vivante n'est pas absolument distincte de la matière minérale. Il n'y a réellement entre ces deux états de la matière que des différences de degré.

La matière vivante est d'autant plus simple et homogène, qu'elle appartient à des organismes plus jeunes ou placés plus bas dans la série vivante.

La cellule, (forme déjà très élevée de la matière vivante), qui est l'élément constitutif des êtres vivants actuels, se complique, se différencie à mesure qu'elle s'élève comme organisme. Le progrès de la différenciation cellulaire s'accompagne toujours d'une diminution proportionnelle de la puissance d'amorce et du pouvoir de régénération. Moins le protoplasme, base des êtres vivants, est différencié, plus il est capable d'immortalité potentielle. Les éléments reproducteurs ou germes conservent une simplicité relative de structure, et un faible degré de différenciation qui leur assure l'immortalité potentielle, soit directe (scissiparité, bourgeonnement, spores, etc.), soit indirecte par voie de rajeunissement plasmo-caryogamique. Toutes les cellules du corps autres que les germes sont conduites fatalement à la senescence et à la mort par les progrès du travail différenciateur. Il y a donc actuellement un protoplasme, celui des germes, qui est potentiellement immortel, puisqu'il s'est transmis sans interruption depuis l'origine de la vie jusqu'à nos jours ; et l'on est autorisé à le considérer comme l'héritier direct, et le témoin du protoplasme primitif La logique et l'analogie nous conduisent à penser que ce protoplasme primitif a dû être simple et homogène et par suite immortel. Plus tard, se sont développées en lui des différenciations et des perfectionnements qui ont, à divers degrés, porté atteinte à son immortalité. De là, la sénescence et la mort. L'être vivant, d'abord potentiellement immortel est devenu mortel. Telle a été la marche de l'évolution.

Nous devons nous demander maintenant quel est le souffle directeur, quelle est la cause qui a présidé à ce changement considérable, quelle est l'origine de l'impulsion qui l'a réalisé. Car l'évolution n'est pas le fait du hasard. Elle est soumise à une impulsion directrice, à une tendance évolutive tout comme le développement de l'œuf. Il peut y avoir et il y a des combinaisons, des enchainements, dont nous ne comprenous pas la raison ; mais le hasard n'est qu'un mot sous lequel se masquent notre cécité et notre ignorance. Quelles sont les causes qui ont poussé l'être vivant et immortel vers la mort ? Il y a à cela deux causes, une cause interne et une cause externe.

La cause interne est une tendance naturelle de l'être vivant lui-même. Si nous embrassons d'un coup d'œil le monde vivant, et si nous le considérons comme un tout qui a eu sa naissance et qui poursuit actuellement le cours de son développement, nous devons reconnaître qu'il y a en lui une tendance, une volonté inconsciente, une aspiration qui le pousse sans cesse à s'emparer de ce qui l'entoure, à conquérir ce qui n'est pas encore lui.

L'être vivant a voulu et veut être le maître de l'univers. Aussi a-t-il multiplié les efforts pour élargir son contact avec ce monde qu'il veut résolument posséder. Sa constitution primitive relativement simple et modeste ne suffisant pas à cette visée ambitieuse, il l'a successivement remplacée par des degrés de plus en plus complexes et de plus en plus puissants d'organisation. Il a multiplié les organes, différencié les tissus et perfectionné les mécanismes pour entrer en possession du monde extérieur qu'il voulait connaître et dont il prétendait jouir. Sans cesse, il a accru et enrichi l'arsenal d'organes et d'instruments qui devaient lui assurer cette conquête. Sensibilité, motricité, intelligence, se sont développées sans cesse aussi avec les organes dont elles constituaient les manifestations fonctionnelles. Mais dans cet effort continu, dans cette poursuite sans trêve, l'être vivant a perdu avec sa simplicité primitive, son immortalité corporelle primitive. Il était puissance et volonté de vivre ; il est devenu puissance et volonté de savoir, de connaître, de sentir, et il a, par cela même et d'une manière proportionnelle, cessé d'être puissance et volonté de vivre. Successivement et progressivement l'être vivant s'est élevé de la vie uniforme et monotone, à la vie variée et accidenté, de la vie végétative et sensible à la vie intellectuelle, de l'état inconscient à l'état conscient, de la vie mentale à la vie morale. L'évolution s'est ainsi déroulée, entraînant l'être vivant vers la manifestation de l'esprit. L'être s'est annobli par cette marche ascendante, dans laquelle il s'est éloigné de la forme de vie simple et uniforme qu'il tenait le plus directement de la matière brute. C'est là pour lui un vrai titre de noblesse.

La cause externe est venue provoquer la cause interne, donner plus d'acuité et d'énergie à son action. La cause externe c'est le monde extérieur avec ses provocations, avec ses appels incessants, avec l'attrait perpétuel d'un

inconnu inépuisable, avec ses horizons infinis et ses
mirages incessants, avec ses tentations et ses promesses.
L'être vivant sans cesse stimulé et provoqué par lui, s'est
toujours efforcé de répondre à ses appels. Constamment
attiré par les charmes et les richesses de la terre promise,
il n'a eu ni trève ni repos qu'il ne l'eût conquise.

Mais le terme du combat n'est pas encore prochain ; et,
à chaque pas fait sur le pays conquis, la mort voit aussi
ses droits grandir, et son empire s'affirmer. A mesure,
en effet, que l'être vivant s'est perfectionné et élevé, à
mesure aussi la part relative faite aux éléments reproducteurs à amorce puissante, s'est circonscrite et restreinte.
La partie potentiellement immortelle de l'être vivant tend
donc toujours à décroître, soit comme quantité, soit
comme puissance ; et il serait possible de prévoir un degré
de supériorité organique qui deviendrait le point culminant
et terminal de l'évolution organique terrestre, parce qu'il
ne resterait plus chez ses représentants assez d'éléments
à immortalité potentielle, c'est-à-dire assez de germes
capables de perpétuer cet être supérieur.

La mort a donc fait son entrée dans le monde accompagnée de la jouissance et de la science. Elle a été la
compagne du progrès évolutif. C'est là un fait bien remarquable et bien surprenant. Il pourrait faire douter de la
sagesse et de la bonté du Créateur, à moins toutefois qu'il
ne fut également vrai que si la mort est la conséquence du
progrès, elle en est aussi la condition. Il importe donc au
plus haut degré d'examiner sérieusement cette question :
Quel est le rôle de la mort ?

Il est toutefois bien entendu que cette question est circonscrite au domaine de la biologie. Les relations morales
ou religieuses de la mort appartiennent à un autre domaine
et, ce n'est pas ici le lieu de m'y arrêter.

La mort étant la conséquence du perfectionnement de
l'être vivant et du déroulement progressif de l'évolution

du monde organique, il semble logique de ne pas la considérer comme le plus grand des maux. Mais parler de
l'utilité de la mort, paraît quelque chose de si paradoxal,
et de si contraire au sentiment commun que je ne puis
me borner à une proposition aussi brève et aussi générale.

Pour juger impartialement la mort, pour apprécier son
rôle et son utilité biologique, il faut se placer dans une
atmosphère de calme et de sérénité qui soit une garantie
d'impartialité. Tout homme, arrivé à l'âge où il peut réfléchir avec fruit sur cette grave question, a plus ou moins
souffert des séparations que la mort impose. Pour être
juste vis-à-vis d'elle il convient de faire taire notre cœur,
ou, ce qui est mieux encore, de lui commander de parler
très haut, c'est-à-dire de regarder au-delà de nos amer-
tumes et de nos déchirements personnels. Essayons de
prendre cette attitude pour donner notre sentiment sur le
rôle biologique de la mort.

Disons d'abord que la mort naturelle a été mal jugée
par irréflexion et par ignorance. Dans l'appréciation que
l'on en fait, on la confond généralement avec la mort
accidentelle, avec la mort prématurée, résultant de lésions
localisées dues à la maladie ou au traumatisme. C'est là
une injuste confusion qui attribue à la mort naturelle, des
douleurs et des déchirements qui peuvent lui être tout-à-
fait étrangers, et qui ne sont pas de son essence. Pour
faire de la mort naturelle une appréciation vraiment
équitable, il faut d'ailleurs la considérer moins chez
l'homme, que chez les autres représentants du règne
animal. Chez l'homme en effet la mort purement naturelle
s'observe assez rarement ; et d'ailleurs l'élément affectif
peut quelquefois être pour le mourant une source particulière de tristesse et de douleur morale. Mais la mort
naturelle, et purement naturelle, résultant d'un abaissement progressif et général des activités organiques, est
caractérisée, même chez l'homme, par une atténuation

croissante des sensations, par le calme de l'organisme, par le silence de l'instinct de la conservation et par l'apaisement et l'assoupissement du côté mental et affectif de l'être. C'est l'entrée douce, progressive et de plus en plus inconsciente dans le dernier sommeil. L'examen des animaux mourant de mort naturelle ne ressemble en rien à une douloureuse agonie. Ils s'éteignent paisiblement et insensiblement, si bien que l'observateur ne saurait marquer le moment précis du trépas.

Au point de vue donc de l'être qu'elle frappe, la mort naturelle ne saurait être considérée comme une douleur, comme un mal physique personnel. Il faut donc absoudre la mort proprement dite des accusations graves qu'on lui adresse, comme mal physique et comme douleur suprême. Ces accusations ne sauraient atteindre que les souffrances de la mort accidentelle ; on voit aisément en effet qu'elles ne frappent point la mort elle même, mais la douleur qui l'accompagne si souvent dans ces circonstances.

Je n'ai pas à examiner ici quel est le rôle biologique de de la douleur ; j'ai exposé mes idées sur ce point dans un de mes précédents essais (1). Je me borne à dire que j'y ai soutenu que la douleur soit physique, soit morale, était le stimulant par excellence du progrès évolutif, et que c'était là l'explication et la justification de sa présence dans l'œuvre du Créateur. Je me borne ici à affirmer que la mort naturelle n'est pas une douleur, et j'arrive à l'examen des conséquences biologiques de la mort.

La mort par sénescence est une condition essentielle et indispensable du progrès, et j'entends par là, à la fois le progrès de la matière et le progrès de l'esprit. Elle l'est d'abord parce qu'elle est la condition essentielle de la naissance. Nous ne concevons pas en effet une terre

---

(1) A. Sabatier. *Essais d'un naturaliste transformiste sur quelques questions actuelles*. IV. *Essai, Création, mal physique, mal moral, mort*. Critique philosophique (31 déc. 1886 et 31 janvier 1887).

comme la nôtre où l'on naîtrait toujours et où l'on ne mourrait pas. Si la mort naturelle ne supprimait constamment une partie des êtres vivants, la surface du globe, devenue bientôt insuffisante, serait le champ d'une effroyable bataille pour la vie, d'une horrible mêlée, auprès de laquelle la lutte actuelle déjà passablement ardente et cruelle ne serait qu'un jeu d'enfants. Toute l'activité des être vivants devrait se tourner vers la destruction violente, soit pour supprimer des bouches inutiles, soit pour acquérir de la pature. Tout serait égoïsme et férocité ; la mort violente et prématurée viendrait forcément suppléer à l'absence de la mort naturelle, et l'animal absorbé par les ardeurs, les fatigues et les dangers de la lutte oublierait de se reproduire.

La mort naturelle, la mort par sénescence permet au contraire aux êtres vivants de se multiplier suivant une proportion sage et modérée. Elle leur donne le temps et l'occasion de se développer, de se perfectionner dans une lutte assez passionnée pour éveiller les activités et faire naître de nouvelles aptitudes, mais pas assez violente pour épuiser l'être dans une recherche acharnée de l'aliment et pour le désespérer dans une lutte sans merci.

La mort naturelle est donc une condition essentielle de la naissance ; mais la naissance, c'est-à-dire le développement des éléments reproducteurs, est une condition capitale du progrès. C'est en effet pendant cette période de développement que la matière est de beaucoup la plus apte à réaliser ces variations, ces modifications dont la suite représente et assure la marche de l'évolution. Les éléments reproducteurs, ces représentants peu modifiés du protoplasme primitif, et leurs descendants immédiats, les cellules du blastoderme, sont plus plastiques, plus variables, d'une nature plus mobile, plus impressionnable, plus perfectible que ne le seront les éléments différenciés qui en dériveront par la suite. Plus tard surviennent en effet, et la différenciation qui leur donne une structure spéciale ainsi que des fonctions déterminées, et l'habitude qui rend la matière vivante obtuse et invariable, qui la fixe pour ainsi dire. Il est donc très important pour l'évolution que ces périodes de début, que ces recommencements se renouvellent le plus fréquemment, car chacun peut apporter son contingent de variations et de progrès.

La naissance et la mort naturelle, qui sont étroitement corrélatives, travaillent ainsi l'une et l'autre au perfectionnement de la matière. Grâce à elles, cette dernière a pu s'élever de degrés en degrés de l'état minéral inférieur aux manifestations de plus en plus complexes et merveilleuses de la vie. La mort rejette en effet la matière dans la circulation générale, et lui permet de rentrer par la naissance dans d'autres organismes qui sont pour elle des creusets où elle s'affine et se perfectionne. Les organismes détruits laissent des matériaux perfectionnés qui entrent, soit directement, soit par des voies détournées dans la constitution d'autres organismes, où ils s'améliorent à leur tour, et ainsi se constituent les états supérieurs de la matière organique et organisée.

Mais le monde matériel ne bénéficie pas seul de l'influence bienfaisante de la mort. Les progrès de l'esprit en sont aussi la conséquence. Et il n'y a rien là qui puisse nous surprendre, si nous croyons que l'esprit est partout, et que matière et esprit ne sont que deux formes de la substance générale de l'univers. Ce qu'il y a de certain, c'est que nous ne connaissons pas l'esprit séparé de la matière, c'est que, à nos yeux, l'esprit ne va pas sans matière ; et ce qu'il y a de très probable c'est que la matière ne va pas sans esprit, esprit muet, si l'on veut, esprit en puissance, mais qui deviendra acte et évidence quand la matière aura atteint un degré d'organisation compatible avec les manifestations de l'esprit. N'a-t-on pas quelque raison de penser ainsi, quand on constate que les progrès de l'esprit sont toujours accompagnés du perfectionnement de l'organisme physique ? Les manifestations mentales dans le règne animal paraissent indissolublement liées à des constructions particulières des centres nerveux ; et la complexité de ces manifestations paraît toujours dépendre du perfectionnement et de la complication de structure de ces centres. Le cerveau de l'abeille et celui de la fourmi, animaux les plus intelligents parmi les invertébrés, ont beau n'être qu'à peine accessibles à l'œil nu, ils n'en sont pas moins riches en dispositions variées et pourvus de combinaisons étonnantes pour de si petits organes. Qui ne voit donc que les perfectionnements de l'esprit liés à ceux de l'organisme doivent bénéficier comme ces derniers des progrès dus à une circulation de la matière, telle que la mort naturelle peut seule la permettre et la favoriser ?

Telles sont les réflexions que nous suggère l'étude précédente pour ce qui concerne la vie terrestre, pour l'existence qui se déroule sous nos yeux. Mais il me semble que la portée des conséquences qu'il nous est permis de tirer de cette étude dépasse encore les limites de cet horizon, et que, du point où nous sommes parvenus, il est au moins possible de jeter quelques regards timides vers un avenir que la science ne peut, pour le présent, ni démontrer ni contester.

Nous avons constaté d'une part que le perfectionnement de l'organisme actuel et la mort sont en corrélation étroite, et d'autre part que les perfectionnements de l'esprit se poursuivent parallèlement à ceux de la matière. Il faut donc reconnaître que de nouveaux progrès de l'esprit entraînant la matière organisée actuelle vers un degré supérieur d'affinement, augmenteront les droits de la sénescence et la puissance de la mort. La machine corporelle qui correspond actuellement à l'état de l'humanité, est-elle susceptible de supporter sans succomber, et sans s'éteindre, ce nouvel affinement de ses rouages ? C'est ce dont il est permis de douter, en présence du flot montant et inquiétant des affections nerveuses et des troubles mentaux.

L'évolution de l'esprit pourrait donc bien avoir atteint dans l'économie corporelle actuelle un point culminant qu'elle ne saurait dépasser.

Mais si le corps actuel, victime des besoins supérieurs de l'âme, ne peut suffire à un perfectionnement nouveau, s'il a donné tout ce qu'il était susceptible de donner, il faut donc penser qu'il y aura un autre organisme qui répondra aux exigences du progrès. Qui oserait soutenir, en effet, que l'évolution de l'esprit a atteint son terme le plus élevé ? Un autre corps constitué par une forme différente de la matière et capable d'atteindre sans mourir un degré d'organisation compatible avec des états supérieurs de l'esprit, un autre corps, dis-je, pourra permettre à l'esprit de gravir encore de nouveaux degrés.

Rien n'empêche de supposer en effet qu'il se fera un groupement physico-psychique, différent de celui que représente notre corps, dans d'autres conditions et dans un milieu plus favorable. Nous ne savons ni ce qu'est la matière, ni quels peuvent être les états de la matière. Il y a certainement bien des formes de la matière que nous ne connaissons pas ; et cela est si vrai que nous supposons l'existence de quelques-uns de ces états, qu'il a été cependant impossible encore de constater directement et de saisir. Il y a très probablement des formes impondérables et intangibles de la matière ; et qui sait si le groupement physique qui est appelé à succéder au corps actuel ne répondra pas à l'une de ces formes ? C'est ce que l'observation et les recherches psychiques qui se poursuivent dans certains milieux avec tant d'ardeur nous apprendront peut-être un jour.

Melchior de Vogué a dit (1) : « L'ordre du monde ne « semble pas institué pour l'accroissement du bonheur « humain, mais pour la grandeur humaine, ce qui est « bien différent. Développer plus de vie avec plus de « peine c'est notre loi, ce qui distingue l'homme de l'en- « fant, le civilisé du sauvage. »

J'élargis le point de vue, et je dis : L'ordre du monde ne semble pas institué pour l'accroissement du bonheur et de la jouissance matérielle ; mais pour le perfectionne- ment de l'esprit, ce qui est bien différent. Développer plus de vie au prix de plus de douleur et de plus de des- tructions, et surtout rendre la vie plus intense, plus variée, plus parfaite, plus capable de préparer les con- quêtes de l'esprit, c'est la loi de la nature et de l'évolution dans la nature ; et c'est ce qui distingue les organismes supérieurs des organismes inférieurs, la matière vivante perfectionnée de la matière vivante simple et primitive, et *à fortiori* de la matière brute ou matière à vie sourde et pour ainsi dire latente.

(1) E. Melchior de Vogué, *Spectacles contemporains.*

TABLE DES MATIÈRES

CHAPITRE V.

CHAPITRE VI.

CHAPITRE VII.

CHAPITRE VIII.

CHAPITRE IX.

2e Partie. — DE LA MORT.

CHAPITRE PREMIER.

CHAPITRE II.

CHAPITRE III.

3e Partie. — THÉORIE DE L'AUTEUR & CONCLUSIONS.

CHAPITRE PREMIER.

CHAPITRE II.

CHAPITRE III.

CHAPITRE IV.

CHAPITRE V.

CHAPITRE VI.

Saint-Brieuc. — Typographie Francisque GUYON, rue Saint-Gilles.